Mein Hund macht was er will

AUTORIN: KATHARINA SCHLEGL-KOFLER | FOTOGRAF: OLIVER GIEL

Inhalt

Mit Hunden leben

Seine enge Bindung an den Menschen, seine Lebensfreude und Anpassungsfähigkeit haben den Hund zu einem der beliebtesten Heimtiere werden lassen. Doch er hat besondere Bedürfnisse, und wird man denen nicht gerecht, kann es Probleme geben im Miteinander von Mensch und Hund.

Hunde verstehen

Bei vielen Menschen steht ein Hund ganz oben auf der Wunschliste, ob als Spielgefährte für die Kinder, Begleiter in Alltag und Freizeit, Partnerersatz oder um mehr an die frische Luft zu kommen und damit etwas für die eigene Gesundheit zu tun. Nicht selten wird die Beschäftigung mit dem Hund ein richtiges Hobby, wenn man mit dem Vierbeiner Hundesport wie Agility, Dummyarbeit, Obedience oder Fährtenarbeit betreibt. Beweggründe für die Haltung eines Hundes gibt es also viele. Und entsprechend viele Hunde werden auch gehalten. Allein in Deutschland sind es über fünf Millionen.
Diese Vielzahl verdeutlicht aber auch, wie wichtig die Hundeerziehung ist; denn es gibt Mitmenschen, die sich durch das Verhalten von Hunden gestört fühlen oder gar Angst vor ihnen haben. Doch um unseren Vierbeiner erziehen zu können, ist es wichtig, dass man lernt, den Hund zu verstehen.

Der Hund im Wandel der Zeit

Früher hatte der Hund klar definierte Aufgaben. Der Mensch brauchte ihn als Jagdgehilfen, Bewacher von Hab und Gut, zum Hüten seiner Herden oder Ziehen von Lasten. Weil sich die Hunde für die unterschiedlichen Aufgaben besonders gut eignen mussten, entstanden über die Zeit die verschiedenen Hunderassen: Derzeit sind es über 400.
Heute hat sich die Situation des Hundes gewandelt. In den meisten Fällen hat er keine konkrete Aufgabe mehr. Er dient der Freizeitbeschäftigung des Menschen und ist einfach »nur« Familienmitglied geworden. Viele Hunde sind Sportgerät oder Statussymbol, werden grenzenlos verhätschelt und vermenschlicht. Doch darüber wird vergessen, dass in jedem Hund noch die der jeweiligen Rasse angezüchteten Wesensmerkmale stecken und dadurch die Hunde recht unterschiedliche Eigenschaften

haben. Die einen sind leicht lenkbar, andere eher eigenständig, manche haben viel Wach- und Schutzinstinkt, andere mehr Jagdinstinkt usw.
Nicht nur seine Aufgaben, sondern auch der Lebensraum des Hundes hat sich im Lauf der Zeit verändert. Zahlreiche Vierbeiner leben heute in Ballungsgebieten, in Städten, in denen es kaum eine natürliche Umgebung gibt. Außerdem wohnen viele Hunde und viele Menschen auf recht engem Raum. Auf der anderen Seite sind Hunde grundsätzlich sehr anpassungsfähig und kommen im Prinzip mit jedem Lebensumfeld zurecht, sofern ihre Bedürfnisse und artspezifischen Eigenschaften berücksichtigt werden. Über die sind sich allerdings viele Hundebesitzer nicht von Anfang an im Klaren.
Haben Sie schon einmal bewusst darüber nachgedacht, dass der Hund das einzige Heimtier ist, das nicht in einem Käfig oder Stall lebt und Sie fast überallhin begleitet? Er ist immer dabei, zu Hause und unterwegs, egal ob Sie zum Einkaufen gehen, Besuch haben, in Ruhe essen möchten oder Hausputz machen. Kein Tier lebt so eng mit dem Menschen zusammen wie der Hund, auch nicht die Katze. Und keines hat eine so enge Beziehung zum Menschen. Durch das Erbe des Wolfs ist er ein Rudeltier, dessen »Rudel« aber heute keine Artgenossen, sondern sein Besitzer bzw. die Familie ist, in der er lebt. Der Mensch ist für ihn ein wirklicher Sozialpartner, also Artgenosse im weiteren Sinn. Ihr Hund beobachtet Sie und lernt aus Ihrem Verhalten. Was er dabei lernt, hängt von Ihnen ab. Ein Hund läuft meist nicht einfach nebenbei mit. Er braucht eine systematische Erziehung, damit er sich in das »Rudel« einfügt. Dazu ist viel Wissen und Engagement seitens des Menschen nötig. Das unterschätzt so mancher Hundeneuling – und dann reagiert sein Hund nicht wie erwünscht.

Informieren Sie sich vor der Anschaffung ausgiebig über die einzelnen Rassen, dann finden Sie den Hund, der am besten zu Ihrem Leben passt.

Probleme durch **Moderassen**

HUND AUS SCHLECHTER ZUCHT Viele Probleme entstehen, weil beim Kauf eines Hundes oft nur sein Aussehen und nicht seine rassespezifischen Eigenschaften bedacht werden. Letztere entwickeln sich nur, wenn der Züchter bewusst Wert darauf legt. Wird eine Rasse zum Modetrend, schießen oft selbst ernannte Züchter wie Pilze aus dem Boden, denen es in erster Linie um Masse, nicht um Qualität geht. Die Folge ist, dass Gesundheit und Wesen der Rasse zu wenig berücksichtigt werden und sich dadurch verschlechtern. Das kann unangenehme Auswirkungen haben – sowohl für das Zusammenleben als auch für das Portemonnaie, wenn viel Geld für den Tierarzt oder Versuche, Verhaltensprobleme zu lösen, investiert werden muss.

Das Team Mensch-Hund

Bevor wir uns den Problemen im Zusammenleben widmen, betrachten wir zunächst, welche Anforderungen man heute überhaupt an einen Hund stellen kann oder gar muss. Das klingt auf den ersten Blick vielleicht etwas negativ, ist es aber nicht. Denn fügt sich der Hund gut in Ihr Leben ein, kommt das sowohl Ihnen als auch dem Hund zugute. Ihnen erspart es Stress mit Mitmenschen und Umwelt. Der Hund hat letztlich mehr Lebensqualität, wenn er gut erzogen und alltagstauglich ist. Er kann Sie fast überallhin begleiten, ohne dass es eine Belastung für ihn ist. Unterwegs kann er problemlos frei laufen und muss sein Leben nicht womöglich an der Flexileine fristen.

Anforderungen an den Hund

Aus dem Gesagten wird deutlich, dass der Hund alltagstauglich sein muss. Das heißt, dass er im täglichen Leben einigermaßen belastbar sein soll. Dazu gehört, dass er so gut wie nicht geräuschempfindlich ist, keine Panik bekommt, wenn er etwas Unbekanntes sieht, und nicht unter Stress gerät, wenn mal mehr Menschen dichter um ihn herum stehen oder gehen. Besonders wichtig ist ein gelassenes, freundliches Verhalten Menschen (auch Kindern) gegenüber. Denn Sie müssen immer damit rechnen, dass irgendjemand Ihren Hund anspricht oder ihn auch anfasst, wenn Sie ihn in der Öffentlichkeit mit dabeihaben.

Wie sieht Alltagstauglichkeit zu Hause aus? Zum Beispiel so, dass sich der Hund Ihrem Tagesablauf anpasst. Dass er etwa Ruhe gibt, wenn Sie anderweitig beschäftigt sind, oder Sie nicht jeden Tag um sechs Uhr aus dem Bett holt, weil er so früh schon spielen möchte. Sie sollten erwarten können, dass er nicht klaut und die Schuhe in Ruhe lässt. Und dass er die Wohnung nicht demoliert oder die Nachbarschaft zusammenheult, wenn er ein paar

Sind Sie mit etwas anderem beschäftigt, sollte es für einen gut erzogenen Vierbeiner kein Problem sein, sich der Situation anzupassen und Ruhe zu geben.

Stunden allein bleiben muss. Haben Sie Besuch, sollte sich der Hund gesittet benehmen.

Gehorsam Ein zuverlässiger Gehorsam ist die Basis für ein harmonisches Miteinander. Hört Ihr Vierbeiner gut auf Sie, lassen sich allein dadurch schon eine ganze Menge Probleme vermeiden. Zum normalen Pflichtprogramm gehört,

› dass er auf Ruf möglichst sofort kommt, vor allem auch dann, wenn er abgelenkt ist, weil er etwa einen Artgenossen oder Wild wahrgenommen hat.

› dass er ordentlich an der Leine geht und dabei Ablenkungen weitgehend ignoriert.

› dass er auf Befehl ruhig neben Ihnen sitzen oder liegen bleibt, ebenfalls unter Ablenkung; dies ist in vielen Situationen nützlich, etwa wenn Sie zu Besuch oder in einem Lokal sind.

› dass er auch allein an einer ihm zugewiesenen Stelle liegen bleibt; dann können Sie ihn z. B. ablegen, wenn mal jemand zu Ihnen kommt, der Angst vor Hunden hat. Im Kontakt mit einem gut erzogenen Hund verliert übrigens so mancher seine Skepsis gegenüber diesen Vierbeinern.

Einen zuverlässigen Gehorsam kann es aber nur geben, wenn die Beziehung zwischen Ihnen und Ihrem Hund stimmt und wenn Ihr Vierbeiner eine gute Bindung an Sie hat.

Anforderungen an den Menschen

Was kann nun der Hund von seinem Menschen erwarten? Auf jeden Fall, dass er hundegerecht mit ihm umgeht – dass der Mensch also weiß, wie sein Hund »tickt« – und dass er die Bedürfnisse seines Vierbeiners berücksichtigt.

Bedürfnisse des Hundes erfüllen Neben der artgerechten Haltung, das heißt neben Fütterung und Pflege, muss das Bedürfnis des Hundes nach ausreichend Beschäftigung und Bewegung erfüllt werden. Darf sich Ihr Hund regelmäßig auspowern, ist er ausgeglichen, außerdem festigt die Beschäftigung mit Ihnen seine Bindung an Sie. Dagegen wird es einem Hund, der vor Energie fast platzt, unheimlich schwer fallen, sich länger ruhig zu verhalten oder an lockerer Leine mit Ihnen durch die Stadt zu bummeln. Rasch wird dann die gemeinsame Unternehmung für beide zum Stress.

Erste Gehorsamsübungen, wie hier die »Pflichtübung« Sitzen, lernen schon Welpen problemlos.

Um den Hund seinen individuellen Eigenschaften gemäß auszulasten und zu beschäftigen, ist Zeit nötig. Nur spazieren zu gehen reicht vielen Vierbeinern nicht. Die meisten brauchen auch Arbeit für den Kopf. Diese Zeit müssen Sie sich nehmen, selbst wenn Sie berufstätig oder in der Familie recht eingespannt sind.
Doch ich kann Sie beruhigen: Vieles ist schon auf einem normalen Spaziergang möglich. Legen Sie einfach zwischendurch kleine Übungseinheiten wie Bei-Fuß-Gehen, ein »Hier« oder das eine oder andere Spiel ein. Sie werden bald feststellen, dass sich die Beziehung zwischen Ihrem Hund und Ihnen positiv ändert, wenn Sie mit ihm kommunizieren und ihn gezielt beschäftigen.

Rudelführer Ein Hund braucht eine Autorität, an der er sich orientieren kann, einen »Rudelführer«. Das gibt ihm Sicherheit und Vertrauen und signalisiert dem Vierbeiner, dass alles in Ordnung ist und er sich nicht um das »Überleben« des Rudels kümmern muss. Dieser Aspekt ist für ein harmonisches Miteinander sehr wichtig, und Sie können dadurch vermeiden, dass der Hund letztlich überwiegend das tut, was er will. Damit Sie Ihrem Hund dies alles vermitteln können, müssen Sie sich jedoch artgerecht mit ihm verständigen. Das bedeutet, ihn mithilfe des richtigen Einsatzes von Körpersprache und Stimme zu erziehen und zu leiten.

Lernen, wie der Hund lernt Nur wenn Sie das wissen, können Sie ihm systematisch etwas beibringen. Kurz zwei Aspekte aus diesem wichtigen Bereich: Wird Ihr Hund in seinem Verhalten bestärkt, indem Sie ihn belohnen oder indem er anderweitig sein Ziel erreicht, dann wird er es immer wieder tun. Bringt ihm ein Verhalten dagegen dauerhaft nichts oder gar eine unangenehme Erfahrung, wird er es künftig eher nicht mehr zeigen.

Erziehungs-Basics

TIPPS VON DER HUNDE-EXPERTIN
Katharina Schlegl-Kofler

RICHTIG ERZIEHEN Die Erziehung übernimmt zunächst die Hauptbezugsperson. Doch wenn eine Übung sitzt, dann können auch die anderen Familienmitglieder üben – aber nur auf die gleiche Art und Weise. Das bedeutet, dass im »Rudel« Einigkeit herrschen muss. Es gelten bei jedem die gleichen Hörzeichen sowie dieselben Regeln für den Vierbeiner.

RICHTIG ÜBEN Verlangen Sie nicht zu viel von Ihrem Hund. Bauen Sie jede Übung systematisch Schritt für Schritt auf. Neues bringen Sie dem Hund ohne Ablenkung und über positive Motivation (Belohnung) bei. Nehmen Sie sich zudem jeden Tag Zeit für den Hund, üben Sie aber nicht unter Stress oder bei schlechter Laune, denn das überträgt sich auf ihn. Alle Regeln oder Übungen, die der Hund beherrscht, muss er konsequent befolgen. Wichtig ist, dass Sie unmittelbar das jeweilige Verhalten loben und tadeln. Aber Achtung – belohnen Sie wirklich nur erwünschtes und korrigieren Sie nur wirklich unerwünschtes Verhalten. Setzen Sie Ihre Stimme und Körpersprache ganz gezielt und bewusst ein.

Bedürfnisse des Hundes

Kontakt

Ein Hund braucht Zuwendung, engen Kontakt zur Bezugsperson und Integration in sein menschliches Rudel. Nur so kann er eine vertrauensvolle Bindung aufbauen. Überwiegende Zwinger- oder eine ähnlich restriktive Haltung kann daher Probleme zur Folge haben.

Ruhe

Hunde haben ein großes Bedürfnis nach Ruhe und schlafen relativ viel, nicht nur im Welpenalter. Sorgen Sie deshalb für einen Platz, an dem er ungestört ist und unbehelligt sein Schläfchen halten kann. Solche Auszeiten sind besonders auch für nervöse, überaktive Hunde wichtig.

Autorität

Ein Vierbeiner sucht ein »Idol«, an dem er sich orientieren kann. Verkörpern Sie das durch Ihre Souveränität, durch Regeln und Fürsorge. Denken Sie daran – Sie und Ihr Hund sind ein Team, Sie sind der Teamchef.

Beschäftigung

Fordern und fördern Sie Ihren Hund seinem Typ entsprechend, z. B. durch Geschicklichkeits- und Gehorsamsübungen sowie Spielen, denn Hundehirn braucht Arbeit. So ist Ihr Liebling artgerecht ausgelastet und wird eine andere Beziehung zu Ihnen aufbauen als ohne Beschäftigung.

Interessante Ausflüge

Hunde sind unternehmungslustig. Darf Ihr Vierbeiner unterwegs z. B. über einen Baumstamm springen oder balancieren, hat er Spaß mit Ihnen und schätzt Sie noch mehr. Mindestens einmal am Tag muss er sich, am besten frei laufend, auspowern können. Planen Sie dafür etwa eineinhalb bis zwei Stunden täglich ein. Für viele Hunde darf es auch mehr sein.

Artgenossen

Ermöglichen Sie Ihrem Vierbeiner gelegentlich Hundekontakte, damit er Sozialverhalten auch mit seinesgleichen erleben kann. Aber nicht jeden Tag und nicht immer in großen Gruppen, vor allem dann nicht, wenn die Bindung an Sie nicht stark genug ist.

Entwicklung des Hundes

Wenn Sie Ihren Hund gut kennen und sich bewusst sind, dass er in seiner Entwicklung wichtige Phasen durchläuft, können Sie von Anfang an Problemen vorbeugen. Hat sich schon das eine oder andere Problemchen eingeschlichen, dann überprüfen Sie, ob hier etwas schief gelaufen ist.

Sozialisierungsphase

Von circa der dritten bis etwa zur 16. Lebenswoche befindet sich der Welpe in der sogenannten Sozialisierungsphase. Sie ist dadurch gekennzeichnet, dass das Gehirn in dieser Zeit besonders empfänglich für bestimmte Reize ist. Das Hundekind erfährt, wie Artgenossen und Menschen aussehen, lernt Sozialverhalten im Umgang mit Mutter und Geschwistern und zeigt einen ausgeprägten Drang, seine Umwelt zu erkunden. Erfahrungen in dieser Phase, positive wie negative, werden prägungsähnlich, also sehr nachhaltig in seinem Gehirn gespeichert. Defizite können später nur begrenzt ausgeglichen werden.
Bindungsaufbau, Gewöhnung an Menschen, Umwelt und Regeln des Zusammenlebens sowie erste Gehorsamsübungen sind die Schwerpunkte in diesen Wochen. Nutzen Sie diese Zeit optimal, dann haben Sie einen wichtigen Grundstein gelegt. Denn lernt das Hundekind jetzt, dass Sie sein Lebensmittelpunkt sind und es sich immer lohnt, auf Sie zu achten, ist schon einiges gewonnen. Dafür müssen Sie allerdings relativ viel Zeit aufwenden, doch das erleichtert später vieles.

1 Voller Neugierde erkunden Welpen ihre Umwelt. Viele Eindrücke in der Sozialisierungsphase sind wichtig für die Entwicklung der Hundekinder.

2 Das Verhalten Artgenossen gegenüber müssen Welpen in dieser Zeit erst einüben. Dabei kann der Umgang mit sozial verträglichen Hunden helfen.

Pubertät

Sie ist ein Prüfstein für viele Hundehalter und kommt zwischen dem sechsten und zwölften Lebensmonat auf Sie zu. Der Hund ist jetzt nicht mehr so abhängig wie ein Welpe und verhält sich selbstständiger. Er hört vielleicht nicht mehr so gut auf Sie und stellt so manches, was bisher eigentlich klar war, infrage. Aber das muss nicht zwangsläufig so sein, deshalb das »vielleicht«. Waren Sie in der Welpenzeit zu nachlässig mit Ihrem Kleinen und sind Sie zu wenig systematisch vorgegangen, dann können Sie jetzt mit mehr »Auffälligkeiten« rechnen als jemand, der die Sozialisierungsphase und die Zeit darüber hinaus optimal genutzt hat.

Hundetypen

Hunde unterscheiden sich nicht nur im Aussehen und in ihren rassespezifischen Eigenschaften, sondern auch in ihrem Charakter. Ist Ihr Hund führig oder eigenwillig? Ist er ein Langweiler oder platzt er vor Energie? Nur wenn Sie genau wissen, welcher Typ er ist, können Sie richtig mit ihm umgehen. Dann klappt die Erziehung auch. Beobachten Sie ihn genau. Können Sie ihn einem der folgenden Hundetyp-Beispiele zuordnen?

Der führige Hund Ist Ihr Vierbeiner leichtführig, dann haben Sie es relativ einfach. Er wird bereitwillig mit Ihnen zusammenarbeiten, ohne dass Sie größere Anstrengungen unternehmen müssen. Konsequenz und systematische Erziehung sind trotzdem wichtig. Kleinere Ungenauigkeiten haben aber meist nicht gleich größere Probleme zur Folge.

Der eigenwillige Vierbeiner Ein solcher Hund wird immer wieder versuchen, Ihre Anweisungen infrage zu stellen, außerdem nutzt er Ihre Schwachstellen gnadenlos aus. Bereits kleine Erfolge spornen seinen Durchsetzungswillen an. Hier kommt es darauf an, wer das größere Durchhaltevermögen hat. Souveränes Auftreten und beständige Konsequenz Ihrerseits ist das A und O. Dann wird er Sie auch akzeptieren.

Der unabhängige Hund Er hat kaum etwas übrig für seinen Menschen und geht mehr seinen eigenen Bedürfnissen nach. Hier ist Ihre Fantasie gefragt. Sie müssen herausfinden, wie Sie sich für Ihren Hund so interessant machen können, dass er lieber mit Ihnen etwas tut. Steht er mehr auf Leckerchen oder auf Spielen? Gezielte Zuwendung, kurze Übungseinheiten, Highlights als Belohnung oder kleine Geschicklichkeitsübungen in Wohnung, Garten oder unterwegs machen Sie für ihn interessant. Bleiben Sie dennoch souverän.

Gehen Sie locker und fröhlich an ein unbekanntes Objekt heran. So zeigen Sie Ihrem ängstlichen Hund, dass es harmlos ist. Dann traut auch er sich.

Der schwer zu motivierende Hund Ihn bringt kaum etwas aus der Ruhe. Spielen ist nicht sein Hobby, und auch mit Futter lässt er sich nicht aus der Reserve locken. Aber sicher gibt es irgendeine Art Häppchen, der er nicht widerstehen kann – zumindest wenn er Hunger hat. Dies müssen Sie herausfinden und dann für die Beschäftigung gezielt einsetzen. Ansonsten gilt für ihn Ähnliches wie für den unabhängigen Hund.

Der temperamentvolle Vierbeiner Ist Ihr vierbeiniger Freund sehr temperamentvoll oder gar nervös, sollten Sie darauf achten, sich nicht anstecken zu lassen. Dadurch schaukelt sich die Situation auf – Sie und Ihr Hund werden noch unruhiger. Bleiben Sie also betont gelassen, aber wie immer konsequent im Umgang mit dem Vierbeiner.

Gründe für Fehlverhalten

Klappt es nicht zwischen Hund und Mensch, kann das viele Gründe haben, etwa fehlende Führungsqualitäten, nicht artgerechte Kommunikation oder der »falsche« Hund. Im Folgenden erfahren Sie, was Sie tun können, um Problemverhalten zu verhindern.

Probleme – Ursachen und Lösungen

Ein Verhalten des Vierbeiners wird meist dann als problematisch angesehen, wenn der Halter selbst oder seine Umgebung dadurch belastet werden. Allerdings ist die »Leidensfähigkeit« der Hundehalter, das heißt, ab wann sie etwas als »Problem« empfinden, sehr variabel. So kann es für den einen schon eine ernste Sache sein, wenn der Welpe nach drei Tagen noch immer nicht völlig stubenrein ist oder wenn er seine Zähnchen an dem einen oder anderen Gegenstand ausprobiert. Dagegen sieht es ein anderer als völlig okay an, dass sein Hund Jogger jagt – »Er will doch nur spielen ...«. So werden einerseits Bagatellen zu Schwierigkeiten hochstilisiert, andererseits echte Probleme nicht als solche erkannt und deshalb nicht rechtzeitig unterbunden. Letzteres ist aber wichtig, denn diese Mensch-Hund-Gespanne sind dafür verantwortlich, dass viele keine gute Meinung über uns Hundehalter haben. Da Hunde ihre Menschen überallhin begleiten, treffen zwangsläufig Hundehalter und Nichthundehalter, darunter gar nicht mal so wenige, die Angst vor Hunden haben, aufeinander. Und auf diese Menschen müssen wir Rücksicht nehmen. Das heißt, unsere Hunde so erziehen, dass sie nicht als problematisch auffallen. Aber auch im häuslichen Bereich kann so manches Verhalten der Vierbeiner zur Belastung werden.

Was bedeutet das konkret? So vielschichtig die Ursachen – fast nie liegt es nur am Hund –, so vielfältig sind auch die Lösungsansätze. Manche Wege sind durchaus aufwendig und erfordern viel Einsatz des Zweibeiners. Allerdings gibt es nicht für jedes Problem ein Allheilmittel, manches lässt sich nur bis zu einem gewissen Grad verbessern. Und dann gibt es Fälle, die fremder Hilfe bedürfen. Diese erhalten Sie zum Beispiel in guten Hundeschulen.

»Fehlerquelle« Mensch

Häufig wird der Hund zu sehr nach menschlichen Maßstäben anstatt aus Hundesicht betrachtet. Daraus ergeben sich viele »Fettnäpfchen«, in die man im Umgang mit dem Hund treten kann.

Zu wenig Führungsqualitäten

Jeder Hund braucht eine Art »Rudelführer«. Das ist Ihr Job. Sie sorgen für sein leibliches Wohl, legen die Spielregeln für das Zusammenleben fest, verhalten sich souverän, sind konsequent, beständig und gerecht. Und Sie fordern und fördern ihn. Aber oft krankt es an dem einen oder anderen Punkt.

Bestimmt Ihr Vierbeiner immer, wo es hingeht? Hat er Erfolg damit, ist es für ihn aus Hundesicht nur logisch, das auszunutzen.

Inkonsequenz Stellen Sie Regeln auf, bestehen aber dann nicht immer auf deren Einhaltung? Oder geben Sie Ihrem Hund ein Hörzeichen wie »Sitz« oder »Platz«, unternehmen aber nichts, wenn er es nicht richtig oder gar nicht befolgt? Dann wird er Sie nicht wirklich ernst nehmen und nur dann gehorchen, wenn ihm gerade nichts wichtiger ist.

Zu viele Freiheiten Lassen Sie oft den Hund entscheiden, was er tun möchte? Richten Sie sich häufig nach ihm? Wollen Sie ihm alles recht machen? Ihr Hund wird aber nicht aus Dankbarkeit besser gehorchen oder Sie lieber mögen. Denn geben Sie ihm keine Linie vor, an der er sich orientieren kann, dann macht er, was er will.

Zu uninteressant Hat Ihr Hund nur Spaß ohne Sie? Fehlt es am gemeinsamen Spielen und Erleben? Loben Sie ihn zu wenig für erwünschtes Verhalten oder so zurückhaltend, dass es bei ihm nicht als Lob ankommt? Dann sucht er sich selbst spannende Beschäftigungen, die ihn mehr befriedigen, anstatt sich an Ihnen zu orientieren.

Mit Zuwendung überhäuft Bekommt er Häppchen, ohne dass er etwas dafür tun muss, bzw. verwöhnen Sie Ihren Vierbeiner ständig, auch wenn er überhaupt nichts dafür getan hat? Dann sind die Zuwendungen für ihn nichts Besonderes mehr. Vielleicht sind sie ihm sogar zu viel. Außerdem wirken Sie so nicht besonders souverän auf ihn. Ihr Hund wird Sie daher nicht wirklich respektieren.

Reden Sie »beruhigend« mit dem Hund oder streicheln ihn gar, während er die Vögel fixiert, loben Sie ihn für sein Interesse an den Enten.

Bieten Sie ihm jedoch eine interessante Alternative bei Ihnen, wie etwa sein Lieblingsspielzeug, dann können Sie ihn gut von den Enten ablenken.

Fehler in der Kommunikation

Hunde sind sehr empfänglich für die Kommunikation mit dem Menschen. Körpersprache und Stimme sind dafür zwei wesentliche Elemente. Aber aufgepasst – beides hat für den Hund oft andere Bedeutungen als von Mensch zu Mensch.

Die Stimme Überhäufen Sie Ihren Hund mit Erklärungen und Erzählungen? Die versteht er nicht. Daher wird er immer weniger auf Sie hören. Verpacken Sie Hörzeichen, z. B. »Sitz« oder »Platz«, gut versteckt in einem Satz? So kann es Ihr Vierbeiner nicht heraushören und befolgen. Klingt Ihre Stimme hektisch, wenn Ihr Hund ruhig sitzen oder liegen bleiben soll? Dann wird er sich anstecken lassen – und die Übung klappt garantiert nicht. Klingen Lob, Hörzeichen oder Tadel immer gleich? Passen Sie die Stimmlage dem an, was Sie Ihrem Hund vermitteln möchten. Unterscheiden Sie: Lob klingt freundlich, ein Hörzeichen eher sachlich, Tadel ernst.

Die Körpersprache Setzen Sie sie überhaupt ein? Viele Hundehalter sind zu passiv und machen so mit sich und dem Hund vieles schwerer. Gehen Sie drohend auf Ihren Hund zu, wenn er zu langsam zu Ihnen kommt? Dadurch bremsen Sie ihn noch mehr. Laufen Sie dagegen weg, wird er interessiert hinterherkommen, weil er Sie nicht verlieren möchte. Oder schlurfen Sie lustlos dahin, wenn Sie mit dem Vierbeiner »Fuß« üben? Dann wird er unterwegs lieber am Boden schnüffeln, als mit Ihnen gehen. Mehr Engagement und Motivation bitte! Und Ihr Vierbeiner wird gleich ganz anders reagieren.

Falsches Timing Loben Sie den Hund wirklich nur für erwünschtes Verhalten und im richtigen Moment? Sie freuen sich, dass Ihr Hund ruhig sitzen bleibt, während er seinen Feind fixiert oder Nachbars Kaninchen anstarrt? Wenn Sie ihn jetzt loben, bestärken Sie auch das Fixieren oder den Jagdinstinkt! Loben Sie ihn erst, wenn er sitzen bleibt und Sichtkontakt zu Ihnen hält. Sie schimpfen mit Ihrem Hund, wenn er verspätet zu Ihnen kommt? Dann lernt er, besser noch später zu kommen, denn aus Hundesicht tadeln Sie ihn für das Kommen.

»Fehlerquelle« Hund

Manche Probleme haben ihre Ursache in den Eigenschaften des Vierbeiners. Doch solche Dinge ließen sich verhältnismäßig leicht vermeiden, wenn man sorgfältig prüft, was man von einem Hund erwartet, wie man lebt, welche Rasse dazu am besten passen würde und wo man überhaupt einen geeigneten Hund und einen guten Züchter findet.

Die falsche Rasse Nach welchen Gesichtspunkten haben Sie Ihren Hund ausgewählt? Nach dem Aussehen oder einem Trend? Wer seinen Hund in erster Linie danach aussucht, riskiert, dass der Vierbeiner nicht zu einem passt. Wer z.B. einen Golden Retriever möchte, dann aber einen blonden Hovawart nimmt, weil der ähnlich aussieht und vielleicht zufällig in der Nähe zu haben ist, hat sich letztlich einen Hund mit völlig anderen Eigenschaften angeschafft, der wesentlich anspruchsvoller und zeitintensiver in der Erziehung ist.

Der falsche Charakter Sie sind an sich ein eher ruhiger, sanfter, nachgiebiger Mensch und haben einen temperamentvollen Dickkopf? Dann könnte das ein Problem werden, sofern Sie sich nicht ändern. Andererseits passt ein sehr weicher, sensibler Vierbeiner weniger gut zu jemandem, der sehr autoritär und resolut ist.

Das falsche Umfeld Wenn Sie einen Hund oder eine Rasse auswählen, sollten Sie auch Ihr Lebensumfeld berücksichtigen. Gehen bei Ihnen z.B. viele Leute, auch Fremde, ein und aus oder wohnen Sie in einem Haus mit vielen anderen Parteien? Dann kann die Haltung eines Hundes, der sehr territorial ist und in seinen Genen viel Wach- und Schutzinstinkt mitbringt, Probleme verursachen. Wenn Sie in einer höheren Etage wohnen ohne Lift, sollten Sie bedenken, dass ein größerer, schwerer Hund nicht unbedingt geeignet ist. Falls er mal wegen einer Verletzung oder im Alter nicht mehr richtig laufen kann, was tun Sie dann?

Auch wenn mancher Hund dekorativ aussieht – bedenken Sie die rassetypischen Eigenschaften nicht, wird man einem Hund wie z.B. dem Weimaraner nicht gerecht. Probleme sind oft die Folge.

Mangelnde Auslastung Das ist eine relativ häufige Ursache für Schwierigkeiten. Den meisten Hunden reicht es nicht, nur spazieren zu gehen. Sie benötigen auch gezielte Beschäftigungen für den Kopf. Ob Jagdgebrauchshund, Hüte- oder sonstige Gebrauchshunderasse – ihnen wurden Leistungsbereitschaft und Arbeitswillen angezüchtet. Es gehört also zum natürlichen Verhaltensrepertoire, dass der Hund dies »abarbeiten« will. Ansonsten sucht sich die Energie selbst ein Ventil. Hochspezialisierte Rassen wie der Border Collie haben besondere Ansprüche. Ohne Beschäftigung, etwa durch Agility, kann es passieren, dass der Border Collie zu jagen beginnt oder gar neurotisch wird. Es gibt Besitzer, die sich Schafe angeschafft haben, weil der Hütedrang ihres Hundes zu stark ausgeprägt ist. Auch Vierbeiner wie Weimaraner, Husky, Hovawart und andere Rassen taugen nur selten zum beschäftigungslosen Begleithund. Fehlt die Auslastung, können je nach Hundetyp Nervosität, Streunen, Zerstörungswut, eine erhöhte Aggressionsbereitschaft und Ähnliches die Folgen sein.

Schlechte Sozialisierung Hat ein Vierbeiner bereits in der Welpenzeit schlechte Erfahrungen mit Menschen und der Umwelt gemacht oder ist er ohne Kontakt damit aufgewachsen? Dann zeigt sich das häufig in ängstlichem, unsicherem bis hin zu aggressivem Verhalten Menschen und/oder Umweltreizen gegenüber. Dies betrifft oft Hunde, die aus Massenzuchten oder anderweitiger schlechter Aufzucht stammen, wo man sich nicht ausreichend um jeden einzelnen Hund kümmern konnte. Wenig sozialisiert sind meist auch Hunde, die verwildert aufgewachsen sind. Je nach Ausprägungsgrad der Unsicherheiten und Alter des Hundes lässt sich mit langsamer Gewöhnung das eine oder andere Defizit noch mehr oder weniger beheben.

Viele Kleinhunde haben zu Unrecht ein Schoßhundimage und führen ein unterfordertes Dasein. Dabei lernen sie genauso gern wie die »Großen«.

Angeborene Wesensschwäche Manche Vierbeiner haben schon von der Veranlagung her ein eher schwaches Nervenkostüm und zeigen trotz sorgfältiger Aufzucht Unsicherheiten usw. Diese negativen Wesensmerkmale können nur leicht ausgeprägt sein, dann beeinträchtigen sie das Zusammenleben wenig. Deutlicher ausgeprägte Unsicherheiten wirken sich unter Umständen auch stärker aus. Manches kann man schon beim Welpen erkennen. Reagiert das Hundekind Menschen gegenüber eher zurückhaltend oder gar ausweichend oder merken Sie, dass es leicht erschrickt, deutet das auf ein eher unsicheres Wesen hin.

Krankheit Krankheiten können zu problematischem Verhalten führen. Schmerzen bei Skeletterkrankungen, wie starke Hüftgelenksdysplasie, oder Gehirntumore, Taub- oder Blindheit können unerwartete Reaktionen des Hundes nach sich ziehen.

Grundsätzliche Lösungswege

Es gibt die verschiedensten Strategien, um Schwierigkeiten im Zusammenleben mit dem Vierbeiner zu lösen. Bei manchen Problemen gibt es nur einen Weg, bei anderen führen verschiedene Methoden zum Ziel. Ist das der Fall, dann wählen Sie die aus, die Sie am besten umsetzen können und die zu Ihrem Hund am ehesten passt. Manches lässt sich relativ einfach beheben, bei anderen Problemen ist Ihr Durchhaltevermögen gefragt.

Konsequent angewendet, lässt sich auch Anspringen mit Ignorieren beeinflussen. Drehen Sie sich jedes Mal kommentarlos um 180° von Ihrem Hund weg.

Wie schon erwähnt, lässt sich nicht alles vollkommen »wegtherapieren«, manchmal ist die Abgabe des Hundes an einen besser geeigneten Platz eine Alternative. In schweren Fällen, etwa bei aggressivem Verhalten Menschen gegenüber, sollte man sich darüber klar werden, welche Risiken man letztlich selbst eingehen und verantworten möchte.

Ignorieren

Möchte Ihr Vierbeiner durch Sie ein Ziel erreichen, welches Sie aber nicht wollen, dann kann einfaches Nichtstun im Sinne von Ignorieren sehr wirksam sein. Aber selbst Nichtstun will gelernt sein! Ignorieren bedeutet nämlich, den Hund völlig wie Luft zu behandeln – also kein Blick, keine Bewegung in seine Richtung und ihn natürlich nicht ansprechen, bis er das Verhalten einstellt. Schauen Sie ihn nur an, haben sich seine Bemühungen in seinen Augen schon gelohnt. Also wird er sich weiterhin anstrengen, sein Ziel zu erreichen. So kann das Problem schlimmer werden, als es anfangs war. Bleiben Sie dagegen eisern, lernt der Hund, dass sich sein Verhalten nicht lohnt, und er stellt es allmählich und dauerhaft ein – ohne Ihnen böse zu sein. Hatte er bereits Erfolg, kann es ein wenig dauern, bis sich eine Veränderung einstellt. Eventuell wird das Verhalten zunächst verstärkt. Halten Sie durch!
Anwendungsbeispiele Sitzt Ihr Hund sabbernd neben dem Tisch, wenn Sie essen? Dann tun Sie so,

Reagieren Sie nicht auf jede Aufforderung Ihres Vierbeiners. In erster Linie bestimmen Sie, wann Sie mit ihm zum Beispiel spielen möchten.

Die **Rangordnung** beachten

DER CHEF SIND SIE Sie und Ihr Hund sind ein Team, in dem jedoch einer den Ton angibt, nämlich Sie. Allein dadurch lassen sich viele Probleme vermeiden. Ihrem Hund vermitteln Sie Ihren Status in erster Linie durch ein souveränes Auftreten und dadurch, dass überwiegend Sie der agierende Part sind und nicht derjenige, der immer sofort springt, wenn der Vierbeiner etwas will.

DEN RANG ZUWEISEN Je selbstbewusster oder fordernder der Vierbeiner ist, desto genauer sollten Sie auf diese Punkte achten. Lernen Sie also Ihren Hund möglichst gut kennen! Machen Sie sich bewusst, dass es »den dominanten Hund« selten gibt. Dominant kann der Hund nur dann werden, wenn es jemanden gibt, der sich dominieren lässt.

als wäre er nicht da. Er merkt, dass es nichts gibt, und wird dann Ruhe geben. Beginnt Ihr Liebling nervtötend zu kläffen, während Sie seine Mahlzeit zubereiten? Dann lassen Sie den Napf außer Reichweite des Hundes, z. B. auf der Küchenanrichte, stehen und lesen Zeitung. Warten Sie, bis er einige Momente ruhig war, und machen dann mit der Zubereitung der Mahlzeit weiter. Sobald er wieder bellt, hören Sie auf und ignorieren ihn. Bald wird er lernen, dass es nur Futter gibt, wenn er ruhig ist.
Achtung Selbstbelohnendes Verhalten können Sie nicht ignorieren, denn das Tun an sich bereitet dem Hund Lust. Dazu gehören z. B. das Anknabbern eines Teppichs, Buddeln im Garten oder Jagen. Auch Verbellen von Passanten und Ähnliches lassen sich nicht durch Ignorieren beeinflussen.

Den Umgang ändern

Das bedeutet, den Hund aus einem anderen Blickwinkel zu sehen und das eigene Verhalten ihm gegenüber »hundegerecht« umzustellen. Dann versteht der Vierbeiner auch, was Sie von ihm möchten. Es kann sein, dass Sie sich dafür Eigenschaften antrainieren müssen, die eigentlich nicht Ihrem Typ entsprechen, etwa souveräner aufzutreten oder entschlossener zu reagieren. Wer sich dahingehend ändert und dazu Stimme und Körpersprache bewusst einsetzt, wird verwundert sein, um wie viel leichter der Umgang mit dem Hund allein dadurch wird. Auch eindeutige Regeln und Grenzen festzulegen ist hilfreich und notwendig.
Anwendungsbeispiele Den Umgang zu verändern hilft z. B., wenn der Hund Sie und Ihre Anweisungen weitgehend ignoriert, Spielen, Streicheln, Futter usw. von Ihnen fordert oder etwa das Sofa verteidigt. Bei all diesen Problemen ist meist die Rangordnung unklar (→ Tipp links).

Alternativverhalten belohnen

Anstatt bei unerwünschtem Verhalten negativ auf den Hund einzuwirken, können Sie alternativ ein erwünschtes Verhalten fordern und belohnen. Der Vierbeiner lernt dadurch, dass es sich lohnt, sich nach Ihnen zu richten. Voraussetzung ist aber, dass er grundsätzlich gut gehorcht, das geforderte Verhalten sicher beherrscht (am besten auch unter Ablenkung) und anschließend entsprechend reizvoll dafür belohnt wird. Außerdem muss er in der Situation noch beeinflussbar sein. Lässt er sich ablenken, vergrößern Sie beim Üben den Abstand zur Reizquelle entsprechend. Fordern Sie das Alternativverhalten rechtzeitig, also wenn der Hund beginnt, das unerwünschte Verhalten zu zeigen.

Anwendungsbeispiele Setzt Ihr Hund an, Sie anzuspringen, sagen Sie in dem Moment »Sitz«. Belohnen Sie ihn aber erst, wenn er ein paar Momente ganz ruhig sitzt. Ihr Hund muss immer als Erster an der Tür sein, wenn es klingelt? Dann üben Sie, dass er bei jedem Klingeln in der Diele »Sitz« oder »Platz« macht. Bettelt er bei Tisch? Dann legen Sie ihn auf seinem Platz ab, aber nur dann, wenn er »Platz und Bleib« beherrscht. Vergessen Sie nicht, die Übung wieder aufzulösen!

Die Situation vermeiden

Kann ein Hund ein aus Ihrer Sicht unerwünschtes Verhalten erfolgreich ausführen, wird er es immer wieder tun. Deshalb müssen Sie dafür sorgen, dass der Vierbeiner damit keinen Erfolg hat, auch nicht ab und zu. Sonst bestärkt es ihn in seinem Verhalten und macht Ihre Bemühungen, es ihm abzugewöhnen, zunichte. In manchen Fällen gelingt dies nur, wenn Sie solche Situationen vermeiden.

Anwendungsbeispiele Möchten Sie Ihrem Hund abgewöhnen, dass er Menschen anspringt, dann ist es wichtig, dass er keine Gelegenheit mehr dazu bekommt. Das heißt also vorausschauend zu handeln und, um bei diesem Beispiel zu bleiben, den Hund rechtzeitig anzuleinen, wenn beim Spaziergang jemand entgegenkommt. Neigt Ihr Hund etwa dazu, Hühner oder Rehe zu jagen, dann sollten Sie ihn in einem Gebiet, in dem es diese Jagdobjekte gibt, gar nicht erst ableinen.

Aufmerksamkeit umlenken

Konzentriert sich Ihr Hund auf etwas, was ein unerwünschtes Verhalten zur Folge hätte, ist es nützlich, seine Aufmerksamkeit von diesem Reiz weg auf Sie umzulenken. Dazu ist es wichtig, dass Sie Ihrem Vierbeiner eine interessantere Alternative bieten, je nach Hund z. B. ein besonderes Häppchen oder ein tolles Spiel. Üben Sie das zuerst ohne Ablenkung. Der Hund hält Blickkontakt zu Ihnen, während Sie

Bringen Sie Abwechslung ins Training. Ein »Hier« über ein Hindernis macht dem Hund Spaß.

ein Leckerchen in der Nähe Ihres Gesichts halten. Mit einem Hörzeichen in spannender Stimmlage animieren Sie ihn, Sie anzuschauen. Anfangs bekommt er das Häppchen in dem Moment, in dem er Sie ansieht. Mit der Zeit erst dann, wenn er immer länger und auch unter Ablenkung Blickkontakt hält. Das Umlenken der Aufmerksamkeit kann auch mit einem Alternativverhalten verknüpft werden.

Anwendungsbeispiele Ihr Hund jagt gern Jogger. Wenn Sie ihn nun jedes Mal zu sich holen und seine Aufmerksamkeit auf sich lenken, bis der Jogger weit genug weg ist, verbindet der Hund im Idealfall einen Jogger damit, stets zu Ihnen zu kommen und Sie anzuschauen. Zusätzlich kann man ihn noch sitzen lassen. Diese Strategie ist auch hilfreich, wenn Ihr Hund an der Leine gegenüber Artgenossen, die

1 DIE SITUATION VERMEIDEN Im Garten haben Sie den Hund nicht ständig im Auge. Deshalb können Sie ihn nicht jedes Mal korrigieren, wenn er in Beeten buddelt oder in den Teich springt, obwohl Sie das nicht möchten. Um zu verhindern, dass sich dem Hund solche Gelegenheiten bieten, ist es besser, die Beete oder den Gartenteich von vornherein einzuzäunen.

2 VERHALTEN UNTERBRECHEN Der Hund hat Unrat wahrgenommen und ist im Begriff, ihn aufzunehmen, hat ihn jedoch noch nicht im Maul. Wollen Sie ihm dies abgewöhnen, müssen Sie spätestens in diesem Moment, besser noch früher einwirken. Nur wenn die Einwirkung kommt, bevor er den Unrat im Maul hat, bricht er das unerwünschte Verhalten im richtigen Moment ab.

3 AN SITUATION GEWÖHNEN Sie möchten Ihren Vierbeiner an einen unbekannten Untergrund gewöhnen, er ist anfangs allerdings etwas skeptisch. Motivieren Sie ihn mithilfe eines leckeren Happens, über den Untergrund zu gehen. Belohnen Sie ihn jetzt, solange er noch auf dem Gitter ist, nicht erst danach. Die Leine muss locker durchhängen, der Hund darf keinen Zwang verspüren.

ebenfalls angeleint sind, unfreundlich ist. Gehen Sie zügig bei Fuß an dem anderen Hund vorbei, während Ihr Hund zu Ihnen Blickkontakt hält.

Achtung Belohnen Sie ihn wirklich nur, wenn er Sie anschaut, nicht für das Sitzen allein. Denn sitzt der Hund zwar, fixiert aber »gierig« den Jogger oder den Artgenossen, loben Sie ihn in dem Moment auch dafür, nicht nur für das Sitzen. Dann ist es zum Durchstarten nicht mehr weit.

Auszeit geben

Eine Auszeit bedeutet, den Hund eine gewisse Zeit aus einer Situation herauszunehmen. Gut geeignet ist dafür eine Hundebox, in der Sie ihn im Falle eines Falles für ein paar Minuten kommentarlos unterbringen. Ersatzweise kann man ihn auch mit der Leine festbinden oder kurz allein in einen anderen Raum bringen (wo er aber nichts anstellen kann). Die Auszeit ist keine Strafe, der Hund wird also nicht etwa schimpfend in die Hundebox gebracht. Sie sollte auch nicht mit einem Kommando verbunden werden, etwa den Hund auf seinen Platz zu schicken. Es ist oft ratsamer, dem Hund eine solche Zwangspause zu verordnen, als ihn zu tadeln oder anderweitig negativ auf ihn einzuwirken.

Anwendungsbeispiele Überdreht Ihr Vierbeiner im Spiel mit Ihnen oder Kindern und ist nicht zu bremsen, dann kann er sich in der Box wieder beruhigen. Danach sollte aber nicht gleich wieder ein Spiel mit ihm folgen. Wenn Sie mit ihm etwas üben und er verhält sich vollkommen unkonzentriert und unkooperativ, dann kann eine Auszeit ebenfalls helfen. Vor allem dann, wenn auch noch der eigene Adrenalinspiegel aus Frust steigt. Überdenken Sie dann die Übung noch mal, und trainieren Sie erst wieder, wenn Sie beide sich gefangen haben.

Gewöhnung an Situationen

Hat der Hund Angst vor Geräuschen oder sind ihm Dinge, die er sieht, suspekt, ist langsame Gewöhnung angesagt. Ebenso bei Angst vor Menschen. Wichtig ist, dass der Hund zu nichts gezwungen wird, er sollte sich der Situation aber auch nicht

Jagt Ihr Hund gern Radfahrer etc., lassen Sie ihn stets, wenn sich »Beute« nähert, sitzen und konzentrieren Sie ihn mit einem Happen auf sich. So verknüpft er »Beute« mit Belohnung bei Ihnen.

entziehen können, denn dadurch lernt er, durch Flucht die Situation zu meiden. Er muss lernen, die Anwesenheit der Geräusche, Objekte oder Menschen so entspannt wie möglich zu tolerieren.

Anwendungsbeispiele Üben Sie zunächst auf niedrigem Niveau, also in größerem Abstand bzw. geringer Lautstärke. Erst wenn sich der Hund auf dem jeweiligen Level entspannt hat, wird er belohnt, dann verringern Sie den Abstand bzw. erhöhen die Lautstärke. Eine solche Gewöhnung braucht Zeit und kann Wochen dauern. Je kürzer die Ängste bestehen und je schwächer sie ausgeprägt sind, umso besser lassen sie sich therapieren.

Verhalten unterbrechen

Ein unerwünschtes Verhalten kann man entweder durch einen Schreckreiz oder über ein konditioniertes Abbruchsignal (→ Experten-Tipp) unterbrechen. Ein Schreckreiz kann ein Geräusch (Dose, gefüllt mit Steinen, schütteln) sein oder auch ein weicherer Gegenstand, den man auf den Hund wirft. Wichtig ist, ihn sofort zu sich zu rufen, wenn er auf den Schreck hin sein Verhalten unterbricht.

Eine andere Möglichkeit ist die, dass der Schreckreiz vom »Objekt der Begierde« ausgeht, etwa wenn der Hund Lebensmittel klaut (→ Seite 49).

Gehorcht Ihr Hund gut und lässt er sich z.B. zuverlässig heranrufen oder im Lauf durch ein Hörzeichen stoppen, können Sie ein unerwünschtes Verhalten in ein erwünschtes umlenken.

Anwendungsbeispiele Über einen Schreckreiz können Sie dem Hund abgewöhnen, Unrat aufzunehmen. Ein zuverlässiger Gehorsam ist hilfreich, wenn der Hund z.B. Wild wahrgenommen hat. Dann können Sie, noch bevor er zur Jagd ansetzt, sein Verhalten unterbrechen. Für beide Situationen ist auch der Einsatz eines Abbruchsignals möglich.

Auf ein Abbruchsignal **konditionieren**

TIPPS VON DER HUNDE-EXPERTIN
Katharina Schlegl-Kofler

Sie möchten, dass der Hund auf das Hörzeichen »Stopp« hin ein Verhalten unterlässt. Darauf müssen Sie ihn konditionieren.

SO GEHT'S Geben Sie Ihrem Hund nacheinander mehrere Leckerchen aus der flachen Hand. Beim nächsten schließen Sie die Hand in dem Moment, in dem er es nehmen möchte, und sagen »Stopp«. Sobald er nicht mehr versucht, an das Leckerchen zu kommen, gibt es aus der anderen Hand ein Häppchen samt Lob. Üben Sie täglich. Akzeptiert er die geschlossene Hand, lassen Sie bei »Stopp« die Hand offen. Klappt auch das, legen Sie die Leckerchen auf den Boden. Wenn er sie auf »Stopp« nicht beachtet, belohnen Sie ihn wieder mit Häppchen aus der Hand. Verhindern Sie, dass der Hund ein »verbotenes« Leckerchen bekommt! »Stopp« ist für ihn nun das Signal, mit einem Verhalten aufzuhören.

DISCS Statt auf ein Hörzeichen lässt sich der Hund auch auf »Discs« (→ Seite 43) konditionieren. Wegen der stärkeren Wirkung über Frustration sollte dies nur von einer kompetenten Fremdperson gemacht werden.

Der Hund und andere

Ein Hund, der sich Menschen gegenüber nicht wesensfest zeigt, kann je nach Ausprägung durchaus zur Gefahr werden. Aber auch Schwierigkeiten im Umgang mit Artgenossen können die Freude am Vierbeiner stark beeinträchtigen. Richtiges Verhalten Ihrerseits kann jedoch so manche Situation entschärfen.

Probleme mit Menschen

Schwierigkeiten wie aggressives Verhalten entstehen nicht von heute auf morgen. Übersehen Sie allerdings erste Anzeichen, stehen Sie möglicherweise bald vor echten Problemen. Deshalb ist es wichtig, bei allen Verhaltensauffälligkeiten Ihres Vierbeiners möglichst bald kompetente Hilfe zu suchen, damit kein Unglück passiert.

Misstrauen und Wachinstinkt

Manche Hunde, z. B. solche mit ausgeprägtem Wachinstinkt, reagieren vorübergehend oder generell auf Menschen misstrauisch. Mit gesträubten Rückenhaaren und selbstsicherer Körperhaltung verbellen sie z. B. unterwegs einzeln auftauchende Passanten oder »Eindringlinge« in ihr Territorium.

Mögliche Ursachen

› Misstrauen ist eine rassetypische Eigenschaft, etwa bei Herdenschutzhunden.

› Mancher Hund reagiert vorübergehend leicht misstrauisch, weil er in einer besonderen sensiblen Phase während der Pubertät ist.

› Er verteidigt sein Revier oder sein Futter.

Lösungsvorschläge

› Achten Sie auf eine klare Rangordnung und die Einhaltung von Regeln. Sie als Chef entscheiden, wer ins Haus oder sich Ihnen nähern darf.

› Sorgen Sie für genügend Auslastung, dann hat der Hund weniger Energie zum »Bewachen«.

› Ein heranwachsender Hund muss manchmal erst noch lernen, mit bestimmten Situationen umzugehen. Lenken Sie seine Aufmerksamkeit auf sich, sobald er Ansätze von Misstrauen zeigt, und zwar so lange, bis der Passant weit genug entfernt ist.

› Beobachten Sie, dass er eine Person, womöglich ein Kind, ernsthaft bedroht, dann sollten Sie sofort die Situation unterbrechen, beispielsweise durch ein lautes Geräusch. Hält er vor Schreck inne, rufen Sie den Hund sofort zu sich oder lassen ihn Platz machen – je nachdem, was er kann.

› Verhalten Sie sich neutral, wenn unterwegs eine Person kommt, und machen Sie Ihren Vierbeiner keinesfalls darauf aufmerksam.

› Sorgen Sie durch entsprechende Übungen für zuverlässigen Gehorsam. Nur dann können Sie den Hund z. B. etwas abseits ablegen (oder anbinden), wenn jemand zu Besuch kommt und er den Gast nicht belästigen soll. Der Hund wird dabei ignoriert. Sobald er sich beruhigt hat, legen Sie ihn neben sich ab bzw. binden ihn z. B. am Heizkörper fest.

› Ein Maulkorb kann die Sicherheit erhöhen.

› Reagiert der Hund ausgeprägt territorial, dann darf er seinen Liegeplatz nicht im Eingangsbereich haben und dort auch nicht gefüttert werden. Vergällen Sie ihm diesen Platz, in dem Sie dort immer wischen, saugen oder kehren, wenn er sich wieder hinlegen will. Alternativ können Sie diesen Bereich auch blockieren, etwa durch Blumenstöcke. Verstauen Sie Futter weit weg vom Eingangsbereich.

› Legen Sie ihm zu Hause eine längere Leine an, dadurch haben Sie ihn schnell unter Kontrolle.

Verteidigen von Privilegien

Bestimmt Ihr Vierbeiner, wer sich wann z. B. auf das Sofa setzen darf? Verstellt er Ihnen womöglich drohend den Weg? Dann ist er der Meinung, dass er das Sagen bei Ihnen hat.

Mögliche Ursachen

› Im Mensch-Hund-Team herrscht ein Ungleichgewicht in der Rangordnung.

› Sie haben es versäumt, Regeln aufzustellen und dem Hund Grenzen zu setzen.

› Die einzelnen Familienmitglieder gehen uneinheitlich mit dem Hund um.

› Der Hund steht im Mittelpunkt, auf seine Forderungen wird meist oder immer eingegangen.

› Sie reagieren ihm gegenüber nicht souverän.

› Sie haben Angst vor dem eigenen Hund.

› Sie haben Ihren Hund in seinem Verhalten bestärkt, weil Sie ihn »beruhigten« , als er Sie drohend fixierte oder sogar anknurrte.

Lösungsvorschläge

› Stellen Sie die Rangordnung richtig: Verhalten Sie sich dem Hund gegenüber souverän und sicher. Gehen Sie nicht auf Forderungen ein, egal ob streicheln, Tür öffnen usw. Ignorieren Sie den Hund. Alle Initiativen gehen nur noch von Ihnen aus.

› Versperrt er Ihnen den Weg, indem er sich z. B. quer vor Sie stellt, ignorieren Sie ihn und gehen einfach weiter, auch wenn Sie ihn dabei anrempeln.

› Vermeiden Sie körperliches Kräftemessen, etwa indem Sie den Hund auf den Rücken werfen, denn wehrt er sich, kann das für Sie gefährlich werden.

› Knurrt er z. B., wenn Sie ihm die Pfoten putzen, machen Sie ruhig und beständig so lange weiter, bis er ruhig ist. Dann erst hören Sie auf.

› Festigen Sie seinen Gehorsam, indem Sie in jeden Spaziergang Übungen einbauen.

Aggression durch Krankheit

AGGRESSIONSPROBLEME Sie können manchmal auch durch Krankheiten ausgelöst werden. Beispiele dafür sind starke Schmerzen, Blind- oder Taubheit sowie Hirntumore. Der Hund kann dann angriffslustig oder unvorhersehbar reagieren. Haben Sie die Vermutung, dass hierin die Ursache eines plötzlichen aggressiven Verhaltens liegen könnte, wenden Sie sich an Ihren Tierarzt.

IGNORIEREN Belästigt Ihr Hund Besuch und will stets im Mittelpunkt stehen? Leinen Sie ihn an und befestigen Sie die Leine so, dass der Hund in Ihrer Nähe bleiben (er soll ja dabei sein), aber nicht zum Besuch gelangen kann. Wenn ihn nun alle Personen konsequent ignorieren, wird er sich früher oder später hinlegen und der Situation anpassen. Leichter fällt ihm das, wenn er sich austoben kann, bevor der Besuch kommt. Überdenken Sie grundsätzlich Ihren Umgang mit dem Hund.

GEWÖHNEN Kommt der Getränkefahrer oder der Postbote, ist es störend und macht manchmal Angst, wenn der Hund kläffend am Zaun hin- und herrennt. Stressfrei wird es für alle Beteiligten, wenn der Hund ein Stück abseits oder auch neben Ihnen sitzen bleibt, damit Sie in Ruhe die Getränke oder die Post in Empfang nehmen können. Wenn nötig, leinen Sie ihn an. Hat er sich ruhig verhalten, bekommt er eine Belohnung.

ALTERNATIVE BIETEN Im Tausch etwa gegen ein Leckerchen können Sie Ihrem Hund problemlos und ohne Stress beibringen, Ihnen ein Spielzeug oder etwas, was er nicht haben sollte, zu geben.

› Fordern Sie in problematischen Situationen ein Alternativverhalten. Verteidigt der Hund z. B. das Sofa, rufen Sie ihn zu sich, lassen ihn sitzen und belohnen ihn dafür.
› Falls Sie Angst haben oder der Hund schnappt, ist ein Maulkorb ratsam. So fühlen Sie sich sicherer und treten allein dadurch souveräner auf.
› Beschränken Sie seinen Freiraum. Erklären Sie wichtige Räume wie Küche (Futter) oder Schlafzimmer (Chef) durch Absperrgitter zu Tabuzonen.
› Gestalten Sie Bereiche, die der Hund verteidigt, unbequem und unzugänglich. Stören Sie ihn beispielsweise auf dem Sofa durch Staubsaugen oder machen Sie es durch Kartons, Besenstiele oder Ähnliches unbenutzbar.
› Legen Sie ihm zu Hause eine etwa zwei Meter lange Leine an. Damit haben Sie ihn rasch unter Kontrolle und können aus der Distanz auf ihn einwirken – ihn z. B. beherzt aus Ihrem Bett ziehen –, ohne dass er nach Ihnen schnappen kann.

Unsicherheit und Angst

Ein unsicherer Hund nähert sich Menschen, die nicht zur Familie gehören, gar nicht oder nur vorsichtig in eher geduckter Haltung mit gesenktem oder eingezogenem Schwanz. Fühlt sich ein solcher

Eingezogener Schwanz, unsicherer Blick und eigentlich würde er am liebsten weglaufen – dieser Hund hat Angst. Zwingen Sie ihm keinen Kontakt auf, um ihn nicht noch mehr in Bedrängnis zu bringen.

Hund in die Enge getrieben, kann es passieren, dass er droht oder sogar zubeißt.

Mögliche Ursachen

› Der Hund hatte während der Sozialisierungsphase zu wenig oder gar keine Möglichkeit, mit Menschen Kontakt zu knüpfen. Auch die individuelle Veranlagung spielt hier eine Rolle.

› Ist der Hund trotz guter Sozialisierung unsicher, kann das ebenfalls an der Veranlagung liegen.

› Der Hund hat mit einem bestimmten Typ Mensch schlechte Erfahrungen gemacht, z. B. mit jemandem, der einen Stock hatte.

Lösungsvorschläge

› Gewöhnen Sie Ihren Hund allmählich an Menschen. Nehmen Sie ihn zunächst nur dorthin mit, wo es ruhiger ist und weniger Menschen sind.

› Einem unsicheren Hund darf kein Kontakt aufgezwungen werden. Fremde bzw. Besucher sollten ihn nicht beachten und Abstand halten. Mancher Hund wird dadurch neugierig und sucht selbst Kontakt. Dann kann er ruhig und mit Namen angesprochen werden. Leckerchen von Fremden können helfen, das Eis zu brechen. Allerdings sollten sie direkten Blickkontakt, Bewegungen frontal auf den Vierbeiner zu, sich über ihn zu beugen sowie Hektik vermeiden. Dadurch wirken sie bedrohlich.

› Bleiben Sie entspannt, und »trösten« Sie den Hund nicht mit Streicheln oder Beruhigen. Dadurch belohnen Sie seine Angst – und verstärken sie!

› Neigt Ihr Hund zum Angstbeißen, sollte er einen Maulkorb tragen, wenn Sie mit ihm in die Öffentlichkeit müssen. Der Hund ist zwar nach wie vor gestresst, doch er kann niemanden gefährden.

› Reagiert er auf einen bestimmten Typ Mensch ängstlich, konfrontieren Sie ihn immer wieder damit, auch durch gestellte Situationen, aber in genügend großem Abstand und ohne Kontaktaufnahme.

Richtig **korrigieren**

TIPPS VON DER HUNDE-EXPERTIN
Katharina Schlegl-Kofler

Hilft kein Ablenken oder Ignorieren, ist es nötig, dem Hund durch eine direkte und artgerechte Korrektur klar zu machen, dass er z. B. nicht grob spielen darf. Handeln Sie souverän und vermeiden Sie jede Hektik. Beachten Sie dabei:

STÄRKE DER EINWIRKUNG Wie stark die Einwirkung sein muss, hängt vom Hund ab. Die Korrektur muss so wirksam sein, dass der Hund das Verhalten einstellt, aber nicht zu stark davon beeindruckt ist.

»NEIN« ODER SCHNAUZGRIFF Sagen Sie in einem strengen Ton z. B. »Nein«, und sehen Sie den Hund dabei streng an. Hört er auf, war Ihr Ton okay. Macht er weiter, wiederholen Sie das »Nein«, und greifen ihm mit leichtem Druck über die Schnauze. Hilft auch das nicht, führen Sie den Schnauzgriff entsprechend stärker und länger aus. Wissen Sie, welche Stufe Ihren Hund beeindruckt, wenden Sie nur noch diese an.

ALTERNATIVE ZUM SCHNAUZGRIFF Sie können den Hund auch z. B. am Nackenfell festhalten (nicht schütteln) oder wegheben.

Der Hund soll lernen, dass von diesem Menschen keine Gefahr ausgeht. Verhält er sich entspannt, können Sie den Abstand allmählich verringern.

Verteidigen von Futter

Ihr Liebling knurrt, wenn Sie sich seinem Futternapf nähern? Oder verteidigt er seinen Kauknochen? Das darf nicht passieren.

Mögliche Ursachen

› Ihr Vierbeiner testet damit Ihre Autorität.

› Sie haben unbewusst erste kleine Verteidigungsversuche durch beruhigendes Streicheln und Zureden oder Weggehen belohnt.

› Sie haben Ihrem Hund als Welpe zu häufig den Futternapf oder Kauknochen weggenommen.

Lösungsvorschläge

› Führen Sie ein, dass der Hund so lange vor dem vollen Napf sitzen muss, bis Sie ihm erlauben zu fressen. Binden Sie ihn notfalls so an, dass er den Napf nicht erreicht, falls er aufstehen sollte.

› Bei starker Futteraggressivität geben Sie dem Hund das Futter über längere Zeit ausschließlich aus der Hand und nur, wenn er freundlich ist und sitzt. Wenn er dabei nicht mehr knurrt, darf er die letzten Brocken aus dem Napf fressen, mit der Zeit immer mehr. Auch hier können Sie ihn so festbinden, dass er Sie nicht erreichen kann, falls er schnappen will. Wird er aggressiv, räumen Sie das Futter sofort weg und versuchen es später wieder.

› Verteidigt er seinen Kauknochen, bekommt er in der nächsten Zeit keinen. Üben Sie mit »unwichtigeren« Dingen wie Spielzeug oder uninteressanten Kauartikeln das »Aus« im Austausch mit leckeren Häppchen. Erst wenn das über einen längeren Zeitraum und mit allem Möglichen klappt, versuchen Sie es wieder mit dem »umkämpften« Objekt.

› Üben Sie mit ihm, dass er Kauknochen oder Hundekuchen nur auf Ihre Erlaubnis hin aus Ihrer Hand nehmen darf. Mit einem ihm bekannten Verbotswort hindern Sie ihn daran, etwas zu nehmen. Mit »Nimm's« oder etwas Ähnlichem darf er es haben.

› Rühren Sie ab und zu im Napf, während er frisst, und fordern Sie ihn hin und wieder auf, seinen Kauknochen herzugeben.

Nicht nur bei Problemen empfehlenswert, aber erstes Gebot, falls der Hund Futter verteidigt – er muss vor dem gefüllten Futternapf warten, bis er von Ihnen die Erlaubnis zum Fressen bekommt.

Problemen aus dem Weg gehen

Mit etwas Umsicht lassen sich Schwierigkeiten gut vermeiden. Unliebsame Situationen gibt es übrigens nicht nur mit zu wachsamen oder unsicheren Hunden, sondern auch mit überschwänglichen Vierbeinern.

Tut gut

- Wenn Sie im Alltag regelmäßig den Gehorsam trainieren, haben Sie Ihren Hund auch in kritischen Situationen unter Kontrolle.
- Gehorcht Ihr Hund weniger gut und neigt dazu, Leute zu verbellen, anzuspringen oder zu verfolgen, nehmen Sie ihn rechtzeitig an die Leine.
- Sozialisieren Sie den jungen Hund mit verschiedensten Menschentypen.
- Ist Ihr Hund sehr territorial, sollte Ihr Gartentor stets verschlossen und der Briefkasten außen am Zaun angebracht sein.

Besser nicht

- Lassen Sie nicht zu, dass Ihr Hund geärgert wird, zum Beispiel durch den Gartenzaun hindurch oder wenn Kinder zu Besuch sind.
- Belohnen Sie Ihren Vierbeiner nicht durch »Beruhigen« für unerwünschtes Verhalten, fordern Sie besser ein Alternativverhalten und loben Sie ihn dafür.
- Vermeiden Sie in kritischen Situationen Hektik und Nervosität, denn dies überträgt sich auf Ihren Hund und kann dadurch eine Situation verschlimmern.
- Ersparen Sie ihrem Hund turbulente Alltagssituationen, wenn er Menschen, Geräuschen und ähnlichen Dingen gegenüber sehr ängstlich ist.

Gehorsamsprobleme

Überlegen Sie, ob der Hund die Übung überhaupt verstanden hat, bevor Sie sich über ihn ärgern. Kommunizieren Sie mit ihm hundegerecht (→ Seite 17)? Stimmt das Timing beim Belohnen? Ist die Ablenkung zu groß? Kommen wir nun zu ein paar häufigen Problemen.

Der Hund kommt nicht auf Ruf

Mögliche Ursachen

› Die Bindung zwischen Ihnen und Ihrem Vierbeiner ist nicht gefestigt.

› Sie rufen mal »Kommst du jetzt!«, mal »Hierher!«, mal »Los jetzt, komm!«.

› Sie verwendeten ein Hörzeichen, z. B. »Hier«, von Anfang an in verschiedensten Situationen, ohne dem Hund den konkreten Sinn erst beizubringen.

› Sie haben den Hund bei verspätetem Kommen getadelt. In seinen Augen haben Sie also das Kommen an sich bestraft.

› Sie rufen den Hund nur zu sich, wenn etwas für ihn Reizvolles kommt. Deshalb überlegt er, was besser ist, zur Reizquelle oder zu Ihnen zu laufen.

Rufen Sie den Hund an der Schleppleine, bevor sie sich strafft. Kommt er, laufen Sie mit aufmunternder Stimme rufend rückwärts, so kommt er noch schneller.

› Sie laufen Ihrem Hund nach oder warten auf ihn, während Sie rufen. Dadurch signalisieren Sie ihm, dass er nicht kommen muss.

› Sie rufen ihn mit zu »langweiliger« Stimme.

Lösungsvorschläge

› Bauen Sie die Übung mit neuem Hörzeichen auf. Setzen Sie dies lediglich für das Herankommen ein. Üben Sie anfangs nur ohne Ablenkung, und nennen Sie das Hörzeichen erst, wenn der Hund schon fast bei Ihnen ist. So verknüpft er es richtig.

› Belohnen Sie das Herankommen mit ganz besonderen Häppchen.

› Üben Sie mit hungrigem Hund.

› Falls alle Maßnahmen nicht wirken, verfüttern Sie die Tagesration als Belohnung, wenn er kommt.

› Bis der Vierbeiner die Übung beherrscht, belohnen Sie ihn sofort, wenn er da ist, und lassen ihn erst danach sitzen.

› Trainieren Sie nicht nur das Kommen, sondern auch andere Gehorsamsübungen wie »Sitz«.

› Verwenden Sie eine fünf bis acht Meter lange Leine. Da die Leine seinen Radius begrenzt, kann der Hund Ihren Ruf nicht einfach ignorieren.

Achtung Die Leine muss der Hund über Monate zu Hause und unterwegs ständig tragen, damit sie nichts Besonderes für ihn ist (→ auch Seite 39).

› Tadeln Sie ihn nicht, wenn er verzögert kommt.

› Rufen Sie den Hund auch ohne Anlass zu sich.

› Bewegen Sie sich stets flott vom Hund weg, wenn Sie ihn rufen. Dann kommt er eher hinterher. Verstecken Sie sich, falls er nicht sofort kommt.

› Seien Sie in allem immer konsequent, nur so können Sie erwarten, dass der Hund auf Sie hört.

› Beschäftigen Sie sich unterwegs gezielter mit ihm, und machen Sie sich interessant.

Der Hund zerrt an der Leine

Mögliche Ursachen

› Sie gehen mit, wenn Ihr Hund zu einer Duftmarke, einem Menschen oder Artgenossen zerrt. Für den Hund heißt das: »Zerren bringt mich ans Ziel.«

› Der Hund ist nicht ausgelastet.

› Er kennt kein Hörzeichen für Gehen an der Leine.

Gestalten Sie die Spaziergänge interessant, dann orientiert sich Ihr Hund besser an Ihnen.

Lösungsvorschläge

› Lassen Sie sich nie irgendwohin ziehen, auch nicht vom Welpen oder nur ein paar Schritte.

› Bringen Sie dem Hund bei, immer an Ihrer rechten oder linken Seite an lockerer Leine bei Fuß zu gehen, indem Sie ihn mit einem Leckerchen in der entsprechenden Hand dazu motivieren.

› Zerrt er, bleiben Sie sofort stehen und warten, bis sich der Hund so verhält, dass die Leine wieder locker ist. Dann gehen Sie weiter. Dadurch lernt Ihr Vierbeiner, dass er nur an der lockeren Leine weiterkommt und zerren »Stopp« bedeutet. Das kostet Sie allerdings Zeit und Geduld.

› Will Ihr Hund vorauslaufen, kehren Sie abrupt um, bevor die Leine straff wird, und gehen rasch in die entgegengesetzte Richtung weiter. Dosieren Sie die Einwirkung, der Hund darf nicht massiv herumgerissen werden. Üben Sie nie mit Würge- oder Stachelhalsband, und so auch nicht mit Welpen.

› Nennen Sie immer dann betont ruhig ein Hörzeichen, etwa »Langsam«, wenn Ihr Hund zufällig an lockerer Leine läuft, dann verknüpft er beides.

› Vermeiden Sie beim Welpen längere Strecken an der Leine. Er kann nur ganz kurze Zeit bei Fuß gehen und wird deshalb früher oder später zerren. Besser ist es, ihn zu tragen oder zu fahren.

Hat der Hund einen guten Grundgehorsam, lassen Sie ihn zum Begrüßen sitzen. So muss niemand Angst haben, umgerannt zu werden.

Der Hund beendet die Übung vorzeitig

Ihr Vierbeiner bleibt nur kurz sitzen, wenn Sie »Sitz« von ihm fordern, oder steht auf, wenn er an einer Stelle bleiben soll? Oder kommt er zwar auf Ruf, läuft aber sofort wieder weiter? Das kann im Alltag zu problematischen Situationen führen.

Mögliche Ursachen

› Sie haben vergessen, ein Hörzeichen zu trainieren, mit dem Sie eine Übung auflösen.

› Sie belohnen den Hund zum falschen Zeitpunkt.

› Sie haben die Übung nicht systematisch Schritt für Schritt aufgebaut.

› Sie resignieren und lassen ihn in Ruhe, wenn der Vierbeiner Ihre Aufforderung ignoriert.

Lösungsvorschläge

› Führen Sie ein Auflösungshörzeichen ein, etwa »Fertig«. Jede Übung muss damit beendet werden, falls sich keine andere anschließt.

› Belohnen Sie den Hund immer am Ende der Übung. Soll er z. B. länger Platz machen, bekommt

Dieser Hund beendet das »Sitz« selbst. Vermutlich hat er kein Signal für das Ende einer Übung gelernt. Aus Hundesicht macht er nichts falsch.

So ist es vorbildlich: Der Hund nimmt Blickkontakt auf. Mit einem Hörzeichen und einer aktivierenden Bewegung löst die Besitzerin die Übung auf.

er das Leckerchen erst, wenn er einige Zeit entspannt liegen geblieben ist.

› Prüfen Sie, ob Sie die Übung Schritt für Schritt aufgebaut haben. Bauen Sie sie gegebenenfalls noch einmal neu auf.

› Denken Sie nach: Richten Sie sich meist nach dem Hund anstatt umgekehrt?

› Beharren Sie darauf, dass Ihr Vierbeiner eine Übung, die er beherrscht, auch ausführt. Selbst eine negative Verstärkung kann ratsam sein. Beispiel »Der Hund bleibt nicht liegen«: Liegt er im Platz, stellen Sie sich so auf die Leine, dass sie locker ist, aber unangenehm kurz wird, falls er sich aufsetzt. Das schadet ihm in keiner Weise, das Sitzen wird aber unbequem. Der Hund kann wählen, Sie bleiben völlig ruhig stehen und warten einfach. Früher oder später wird er sich hinlegen. Warten Sie nun eine Zeit lang, bis Sie die Übung auflösen.

Achtung Üben Sie nur mit normalem Halsband. Bei Welpen ist die Übung nicht nötig, für unsichere Hunde ist sie ungeeignet.

Stürmische Begrüßung

Gebärdet sich Ihr Vierbeiner wie toll, wenn Besuch kommt? Das kann unangenehm sein.

Mögliche Ursachen

› Der Hund wird immer als Erster und überschwänglich begrüßt.

› Er steht grundsätzlich im Mittelpunkt.

Lösungsvorschläge

› Ändern gegebenenfalls Sie und alle Familienmitglieder den Umgang und/oder das Begrüßungsverhalten dem Hund gegenüber.

› Legen Sie den Hund beim Klingeln mit »Platz und Bleib« in der Diele ab, bis der Besuch eine Zeit lang da ist. Solange der Gehorsam nicht sitzt, binden Sie ihn im Eingangsbereich fest, bevor Sie die Tür öffnen. Gehen Sie mit dem Besuch am Hund vorbei, und ignorieren Sie ihn, bis er sich völlig ruhig verhält. Erst dann holen Sie ihn ab. Reagiert er jetzt gesittet, kann der Besuch ihn auf ruhige Art begrüßen. Er muss aber sofort damit aufhören, wenn der Hund wieder zu stürmisch wird.

Probleme mit Artgenossen

Manche Hunde haben Probleme unterschiedlicher Art mit anderen Vierbeinern. Das kann vor allem bei Spaziergängen anstrengend sein.

Unsicherheit und Angst

Weicht Ihr Hund Artgenossen ängstlich aus oder ist sehr gehemmt? Das lässt sich meist ändern.

Mögliche Ursachen

› Er wurde in der Welpengruppe oder später in einer Hundegruppe regelmäßig »untergebuttert«.

› Er wurde als Welpe gebissen und hat deshalb vor einem bestimmten Typ Hund Angst.

› Er ist Artgenossen gegenüber grundsätzlich schüchtern und wird von Ihnen dann »getröstet«.

› Sie selbst haben Angst vor anderen Hunden, und das überträgt sich auf Ihren Hund.

Lösungsvorschläge

› Beschäftigen Sie sich entspannt mit dem anderen Hund, dann sieht Ihrer an Ihrem Verhalten, dass alles okay ist. Das gilt auch, wenn Ihr Welpe in der Welpengruppe schüchtern ist. Halten Sie die anderen Welpen etwas fern, aber ohne Hektik.

› »Trösten« Sie den Hund nicht, wenn er verunsichert reagiert! Das empfindet er als Bestärkung seines Verhaltens, die Angst wird also größer.

› Versuchen Sie, einen gutmütigen, ruhigen Hund zu finden, am besten einen etwas kleineren als

So nicht! Gespannte Körperhaltung und gegenseitiges Fixieren – gleich »kracht« es.

Am Halti wird der Hund doppelt geführt. Ein Karabiner der Führleine hängt am Halsband, einer am Halti.

Ihrer. Lassen Sie beide unangeleint in einem eingezäunten Bereich Kontakt aufnehmen. So kann Ihr Hund mit der Zeit durch häufigere Kontakte Vertrauen fassen und sicherer werden.

› Hat er vor einem bestimmten Typ Hund Angst, suchen Sie einen ruhigen, gutmütigen Hund, der diesem Typ entspricht, und verfahren Sie wie oben.

› Bleiben Sie selbst entspannt, wenn ein anderer Hund des Weges kommt. Die allerwenigsten sind wirklich eine Gefahr für Ihren Vierbeiner.

Zu starke Fixierung auf Artgenossen

Startet Ihr Hund beim Anblick eines anderen Vierbeiners sofort und voller Begeisterung durch und hört kein bisschen mehr auf Sie?

Mögliche Ursachen

› Der Hund durfte von klein auf, z. B. in einer Welpengruppe, mit Artgenossen nur spielen, ohne zu lernen, dass Sie auch dann interessant sind, wenn andere Hunde in der Nähe sind.

› Sie leinen ihn stets ab, wenn er beim Anblick eines anderen Vierbeiners voller Begeisterung in der Leine hängt.

› Es mangelt dem Hund an Gehorsam.

› Sie gehen häufig mit anderen Hundebesitzern spazieren, damit der Hund Spaß hat.

› Der Hund hat keine Bindung zu Ihnen.

› Sie bieten ihm keine oder zu wenig reizvolle Alternativen zum Kontakt mit Artgenossen.

Lösungsvorschläge

› Üben Sie mit Ihrem angeleinten Vierbeiner, ohne jegliche Kontaktaufnahme an anderen Hunden vorbeizugehen. Lenken Sie seine Aufmerksamkeit auf sich. Sind Sie weit genug entfernt, gibt es den Happen oder ein tolles Spiel mit Ihnen, eventuell an der Leine, damit der Vierbeiner nicht doch noch zum Artgenossen durchstartet.

› Gewöhnen Sie ihn daran, unterwegs auf Sie zu achten: Ändern Sie öfter unangekündigt die Richtung. Gehen Sie dabei betont flott und entschlossen. So vermitteln Sie dem Hund, dass Sie wirklich weg sind, falls er Sie nicht im Auge behält.

› Klappt das so nicht, verwenden Sie die nächsten Monate eine fünf bis acht Meter lange Leine. Gehen Sie zügig, und ändern Sie die Richtung um 180° bevorzugt dann, wenn Ihr Hund Sie überholt oder eine andere Richtung einschlägt. Halten Sie nicht an. Die Leine strafft sich, und der Hund bekommt einen Impuls, der ihn erinnert, dass er besser darauf achtet, wohin Sie gehen. Er muss die Leine draußen immer tragen, auch im Garten. Hängt sie stets locker, weil der Hund – auch unter Ablenkung – von selbst in Ihrem Umkreis bleibt, rufen Sie ihn hin und wieder zu sich. Klappt alles an lockerer Leine, lassen Sie diese ab jetzt noch einige Zeit am Boden schleifen (als Notbremse, auf die Sie treten können), während Sie sie nach und nach kürzen.

› Spielt der Hund mit einem Artgenossen, warten Sie nicht, bis er fertig ist, sondern gehen Sie weiter. Er hat bereits gelernt, dass Sie weg sind bzw. dass er an der langen Leine eine etwas unangenehme

Gewöhnung an den **Maulkorb**

Verwenden Sie einen Gitter-Maulkorb. Damit kann der Hund trinken, hecheln und fressen.

SO GEHT'S Legen Sie den Maulkorb nur kurz an, und füttern Sie den Hund durch das Geflecht mit Leckerchen. Sie können den Maulkorb anfangs vorn innen mit Streichwurst präparieren. Allmählich trägt er ihn dann länger, je nach Problem ständig oder nur in bestimmten Situationen.

Erfahrung macht, wenn er sich nicht an Ihnen orientiert. Er wird Ihnen daher bald folgen.

› Lassen Sie ihn immer nur dann zu einem Artgenossen, wenn er sich vorher setzt und Sie ansieht. Dann geben Sie das Auflösungshörzeichen.

› Treffen Sie andere Hundebesitzer, üben oder spielen Sie mit Ihrem Hund, bevor die Hunde miteinander spielen dürfen. Legen Sie auch während des gemeinsamen Spaziergangs kleine Übungs- oder Mensch-Hund-Spieleinheiten ein.

› Gehen Sie in der nächsten Zeit hauptsächlich mit ihm allein spazieren, und beschäftigen Sie sich mit ihm unterwegs. Lassen Sie ihn seinen Ball suchen oder über einen Baumstamm springen – je nachdem, was ihm Spaß macht. Das festigt die Bindung und macht Sie für ihn zum »Spaßfaktor«.

Aggression an der Leine

Es gibt relativ viele Hunde, die sich normal verhalten, wenn sie frei laufen, sich aber an der Leine Artgenossen gegenüber wenig freundlich zeigen. Das ist meist die Folge eigenen Fehlverhaltens.

Mögliche Ursachen

› Sie straffen beim Anblick eines entgegenkommenden Hundes schon die Leine. Dadurch versetzen Sie Ihren Hund in »Alarmstimmung«.

› Ihr Hund zerrt an der Leine zu Artgenossen, Sie lassen diese Kontakte zu.

› Ihr Hund wurde angeleint bereits einmal von einem anderen Vierbeiner gebissen.

› Sie rufen Ihren Hund bei den kleinsten Anzeichen von »unfreundlichem« Verhalten, wie Aufstellen der Nackenhaare, nervös und laut zur Ordnung.

› Sie »beruhigen« ihn streichelnd und belohnen ihn so für sein Verhalten.

› Ihr Vierbeiner ist zu wenig ausgelastet, Sie beschäftigen sich nicht mit ihm.

Dieser Hund stürmt nicht gleich los, sondern schaut seinen Menschen an. Erst jetzt folgt sozusagen als Belohnung die Erlaubnis zum Loslaufen.

Raufereien vermeiden

UNANGELEINT Begegnen sich zwei Vierbeiner, die sich nicht so sympathisch sind, dann gehen Sie am besten weiter. Jeder Hund mit guter Bindung wird seinem Besitzer folgen. Außerdem können Sie Raufereien vermeiden, indem Sie den Hunden Platz lassen und nicht zu Ihrem hinlaufen und ihn noch schnell am Halsband greifen. Schreien Sie die Hunde nicht an. Bleiben Sie ruhig.

ANGELEINT Leinen Sie Hunde, die sich schon an strammer Leine anknurren, nicht rasch noch ab!

WELPEN Haben Sie einen Welpen oder Kleinhund, klären Sie noch vor der Begegnung, ob der andere Hund verträglich ist. Nicht jeder erwachsene Hund mag Welpen!

Lösungsvorschläge

› Bleiben Sie so entspannt und locker wie möglich, wenn ein anderer Hund auf Sie zukommt.

› Gehen Sie zügig, aber ohne Hektik mit Abstand an anderen Hunden vorbei. Animieren Sie Ihren Hund mit lockerer, aber verbindlicher Stimme zum Mitkommen. Weichen Sie aus, schon bevor sich Ihr Hund aufregt. Sobald sich der Hund gewöhnt, verringern Sie mit der Zeit allmählich den Abstand zum entgegenkommenden Hund.

› Machen Sie Ihren Vierbeiner nicht extra auf den entgegenkommenden Hund aufmerksam.

› Gestatten Sie Ihrem angeleinten Vierbeiner grundsätzlich keinen Kontakt zu anderen Hunden, auch keine noch so kurze Begrüßung. Angeleint kann sich ein Hund nicht so verhalten wie frei. Er reagiert dann vielleicht aggressiv, weil er nicht ausweichen kann oder weil ihm die Verbindung zum Besitzer besondere Sicherheit verleiht. Von Kontakten an der Leine hat der Hund also nichts Positives.

› Konditionieren Sie ihn auf ein Abbruchsignal (→ Experten-Tipp Seite 25), und setzen Sie es ein, wenn Ihr Hund erste Anzeichen des unerwünschten Verhaltens zeigt, wie Sträuben der Nackenhaare oder gespanntes Fixieren des Artgenossen.

› Lassen Sie ihn bei sich ein Alternativverhalten ausführen, etwa »Sitz«, und loben Sie ihn dafür – aber nur, wenn er sich dabei nicht auch auf den Kontrahenten konzentriert, sonst loben Sie das mit!

› Lenken Sie ihn mit einem Spiel ab und seine Konzentration auf Sie um. Er soll erfahren, dass es sich mehr lohnt, mit Ihnen etwas zu tun.

› Hat Ihr Hund zu viel Kraft oder lässt er sich nicht beeinflussen, verwenden Sie ein »Halti« (→ Tabelle Seite 43). Gewöhnen Sie ihn zunächst daran, indem Sie es ihm zum Fressen oder Spielen anlegen. Nehmen Sie es ihm aber nicht ab, wenn er versucht, es abzustreifen. Erst wenn es Ihren Hund nicht mehr stört, beginnen Sie, ihn daran zu führen. Sobald er sich ins Zeug legt, halten Sie nur dagegen (nicht ziehen oder rucken!). Durch die Konstruktion des Halti wird der Hund quasi automatisch, ohne Kraftaufwand, zu Ihnen umgelenkt und der Blickkontakt zum »Gegner« unterbrochen.

Hat Ihr Hund gelernt, an Ihrer Seite zu bleiben und nicht zu jedem Artgenossen zu zerren, können Sie stressfrei an anderen Vierbeinern vorbeigehen.

› Trainieren Sie stets alle Gehorsamsübungen und sorgen Sie dafür, dass Ihr Hund ausreichend körperlich und geistig ausgelastet wird.

Rauflust unterbinden

Neigt Ihr Hund dazu, unangeleint jeden Hund in handgreifliche Auseinandersetzungen zu verwickeln, die über eine normale kurze Rauferei ohne ernsthafte Verletzungen hinausgehen? Dann wird der tägliche Spaziergang schnell zum Stress.

Mögliche Ursachen

› Ihr Hund verteidigt sein Futter.

› Er verteidigt seinen Menschen oder »Beute« wie Spielzeug, Stöckchen oder Ähnliches.

› Er verteidigt sein Territorium gegen Artgenossen.

› Sein Fortpflanzungsinstinkt ist übersteigert.

› Ihr Hund hatte während der Sozialisierung zu wenig Möglichkeiten zu Hundekontakten, er konnte so die artgerechte Verständigung nicht lernen.

› Er wurde in der Welpengruppe meist »untergebuttert« oder war immer der »King«.

› Er reagiert aggressiv, weil er Angst hat, z. B. durch schlechte Erfahrungen (→ Seite 31).

› Der Hund gehört einer Rasse an, bei der Schärfe oder ausgeprägter Kampftrieb angeboren sind.

Lösungsvorschläge

› Neigt Ihr Hund dazu, Beute (Spielzeug, Stöcke usw.) oder Futter zu verteidigen, packen Sie diese Sachen weg, wenn ein oder mehrere Hunde zusammen sind. Das heißt, keinen Ball werfen oder Leckerchen geben!

› Verteidigt Ihr Hund sein Revier (dazu kann auch ein Bereich außerhalb des eigenen Gartens gehören), hilft nur guter Gehorsam und eine klare Rangordnung zwischen Ihnen und dem Hund. Überprüfen Sie beides gegebenenfalls.

› Kommt ein Hund zu Besuch, sollten sich die beiden auf neutralem Gebiet treffen, bevor sie das Revier des vierbeinigen Hausherrn betreten.

› Reagiert Ihr Hund aggressiv, wenn sich Ihnen ein anderer Hund nähert, weil er Sie verteidigen möchte, entfernen Sie sich von Ihrem Hund ein paar Schritte. Somit ist niemand mehr da, den er verteidigen kann. Sie sollten jedoch dringend Ihre Führungsqualitäten und Ihre Position im Mensch-

Der Maulkorb wirkt zwar »gefährlich«, behindert den Hund aber kaum und gibt Sicherheit.

Hund-Team überdenken. Sie bestimmen, ob sich Ihnen ein Hund nähert, nicht Ihr Vierbeiner.

› Richtet sich die Aggression ausschließlich gegen gleichgeschlechtliche Artgenossen und ist Ihr Rüde dazu sehr an Hündinnen interessiert, kann ein zu hoher Hormonspiegel die Ursache sein. Bei Hündinnen kann es hormonabhängig nur während der Läufigkeit oder der Scheinträchtigkeit zu erhöhter Aggressivität kommen. Da ein hoher Hormonspiegel auch zu gesundheitlichen Problemen führen kann, sollten Sie wegen einer eventuell nötigen Kastration Ihren Tierarzt fragen.

› Wie bei allen Problemen ist auch hier ein zuverlässiger Gehorsam das A und O.

› Gewöhnen Sie den Hund an einen Maulkorb, dann kann er zumindest keinem anderen Hund schaden. Auch Sie sind dann entspannter, was allein schon zur Verbesserung des Problems beitragen kann. Bei entsprechender Veranlagung des Hundes lässt sich aber auch mit Maulkorb nicht immer etwas verbessern.

› Wurde die zum Beispiel angstbedingte Aggression durch Fehler des Besitzers oder entsprechende Erfahrungen des Hundes erlernt, kann es helfen, ihn in eine spezielle Raufergruppe, die manche Hundeschulen anbieten, zu bringen. Dort kann er sein Verhalten wieder »verlernen« und die artgerechte Hundesprache einüben.

› Kommen Sie mit dem Aggressionsproblem Ihres Hundes allein nicht zurecht und/oder können Sie die Ursache nicht feststellen, sollten Sie sich baldmöglichst um kompetente Hilfe bemühen.

Wichtige **Erziehungshilfsmittel**

NAME	WANN WIRD ES GEBRAUCHT?	WAS BEWIRKT ES?	BESONDERHEITEN
Kopfhalfter (Halti)	Bei notorischem Zerren an der Leine, Leinenaggression u. Ä.	Kein Kraftaufwand nötig, Blickkontakt wird zum Halter umgelenkt.	Richtige Größe wählen, Anwendung unter Anleitung lernen. Keinen Ruck am Halti!
Discscheiben (klappernde Metallscheiben)	Zum Verhaltensabbruch, z. B. bei Fressen von Unrat, Fixieren vor Wild oder Buddeln.	Klappergeräusch bewirkt starke Frustration, dadurch erfolgt der Verhaltensabbruch.	Da die Wirkung stark ist, muss der Hund von einer kompetenten Fremdperson konditioniert werden.
Lange Leine (5–8 m, nicht zu schmal)	Wenn der Hund unterwegs zu weit wegläuft und nicht hört.	Der Hund lernt, in einem bestimmten Radius zu bleiben.	Sie muss über Wochen oder gar Monate ständig angewendet werden.
Gitter-Maulkorb (aus Leder, Kunststoff oder Metall)	Bei angst- und offensiv-aggressiven Hunden, auch Raufern, notorischen Unratfressern.	Er verhindert, dass der Hund weder Mensch noch Hund beißen oder Unrat fressen kann.	Der Hund muss nach Möglichkeit langsam an den Maulkorb gewöhnt werden (→ Seite 39).

Probleme im Alltag

Ein Hund ist Teil unseres täglichen Lebens wie kein anderes Heimtier. Daher ist es besonders wichtig, dass er sich möglichst gut in unseren Alltag – ob zu Hause oder unterwegs – einfügt. Auf den folgenden Seiten erfahren Sie, wie sich mit Voraussicht und Planung manches Problem schon im Vorfeld vermeiden lässt.

Probleme im Haus

Ihr Hund klaut Ihr Frühstück? Ihre Nachbarn regen sich über sein Bellen auf? Gerade zu Hause kann Fehlverhalten von Hunden besonders nerven.

Allein bleiben

Wurde der Hund während der Sozialisierungsphase allmählich an das Alleinbleiben gewöhnt, kann sein Besitzer problemlos bis zu vier, fünf Stunden außer Haus gehen. Manche Vierbeiner kommen damit aber nicht zurecht. Sie jaulen, zerstören etwas oder setzen aus Protest sogar Urin auf dem Sofa ab.

Mögliche Ursachen

- Der Hund wurde im Welpenalter nicht in kleinen Schritten an das Alleinbleiben gewöhnt.
- Er verknüpft mit dem Alleinbleiben Negatives, das er während der Sozialisierungsphase erlebt hat (etwa Angst wegen eines Knalls) und/oder er wurde in dieser Zeit zu lang allein gelassen.
- Ihr Hund ist gewohnt, dass sich alles nach ihm richtet. Er protestiert gegen das Alleinsein.
- Er ist voller Energie, und es wird ihm während des Alleinbleibens langweilig.
- Es besteht eine zu enge Bindung – Ihr Hund »klebt« sowohl im Haus als auch unterwegs stets an Ihnen und ist eher ein sensibler, unsicherer Typ.
- Sie verabschieden sich und begrüßen den Hund bei der Rückkehr überschwänglich. So bekommt das Alleinbleiben einen besonderen Stellenwert.

Lösungsvorschläge

- Bevor Sie den Hund allein lassen, sollte er sich ausgetobt und gelöst haben.
- Signalisieren Sie mit einem Hörzeichen, etwa »Warten«, dass Sie das Haus verlassen. Bleibt der Hund im Auto problemlos kurz allein, üben Sie anfangs dort. Der Hund bleibt z. B. vor dem Bäcker im Auto, Sie sagen beim Aussteigen »Warten«

und holen dann die Brötchen. Danach steigen Sie kommentarlos ein und fahren sofort los. So verbindet er Warten mit emotionslosem Alleinbleiben.

› Steht Ihr Hund stets im Mittelpunkt, sollten Sie Ihre Führungsqualitäten überprüfen und ändern. Trainieren Sie außerdem den Gehorsam, und legen Sie ihn in Ihrer Anwesenheit ab und zu eine Zeit lang mit »Platz und Bleib« auf seiner Decke ab, sobald er diese Übung kann. Achtung – beim Alleinlassen nicht an einer Stelle ablegen, der Hund müsste dann die ganze Zeit dort bleiben. Das können Sie nicht kontrollieren und wäre Unsinn.

› Muss der Hund allein bleiben, begrenzen Sie seinen Freiraum auf Diele oder Windfang. Räumen Sie alles weg, was er kaputt machen könnte, und geben Sie ihm einen Kauknochen.

› Bei zu enger Bindung muss sich der Hund zunächst daran gewöhnen, innerhalb des Zimmers, dann innerhalb der Wohnung in einem anderen Raum zu sein als Sie. Schaffen Sie kleine Trennungssituationen zu Hause, wenn Sie beispielsweise ins Bad gehen. Der Hund muss nicht überall mit. Um ihn ans Alleinsein zu gewöhnen, eignet sich eine Hundebox sehr gut (→ Tipp rechts). Erst wenn der Hund das entspannt toleriert, können Sie für einige Minuten aus dem Haus gehen.

› Üben Sie Alleinbleiben zunächst mit dem Hund in der Box. Gehen Sie aus dem Zimmer. Kehren Sie zu ihm zurück, solange er ruhig ist. Winselt er gleich zu Beginn, ignorieren Sie ihn. Kehren Sie erst zurück, wenn er für einige Momente ruhig war, sonst lernt er, dass jemand kommt, wenn er laut ist.

› Gewöhnen Sie den Hund schrittweise ans Alleinbleiben – also zuerst nur wenige Minuten, wenn Sie z. B. den Müll hinausbringen und draußen noch kurze Zeit bleiben. Dann steigern Sie langsam die Dauer Ihrer Abwesenheit.

Eine gemütlich eingerichtete und geräumige Box ist in vielen Situationen nützlich. Außerdem bietet sie dem Hund eine Rückzugsmöglichkeit.

Gewöhnung an die **Hundebox**

LERNEN, ALLEIN ZU BLEIBEN Dafür ist eine Hundebox hilfreich. So gewöhnen Sie ihn daran: Machen Sie die Hundebox mit dem Hundebett, einem Spielzeug oder einer Kaustange gemütlich. Der Hund sollte nur die Box als Schlafplatz haben. Erst wenn er eine Zeit lang freiwillig immer wieder zum Fressen oder Schlafen hineingeht, schließen Sie die Tür für ein paar Minuten. Öffnen Sie sie nur, wenn der Hund ruhig ist. Winselt er, bleiben Sie in Sichtweite (kein Blickkontakt!), bis er einige Momente ruhig ist. Dann öffnen Sie die Tür. Die meisten Hunde akzeptieren die Box rasch, manchmal dauert es aber auch länger. Kennt der Hund die Box jedoch schon vom Autofahren, wird es auch im Haus keine Probleme damit geben.

› Wird Ihr Hund schon unruhig, wenn Sie sich anziehen, dann setzen Sie sich öfter in »voller Montur« an den Tisch und lesen. Erst wenn der Hund entspannt bleibt, sobald Sie sich anziehen, beginnen Sie, kurz das Haus zu verlassen. Dehnen Sie allmählich die Zeit draußen aus.

› In der Übungszeit sollten Sie einen Hundesitter organisieren, der Ihren Hund betreut, falls Sie mal einige Stunden ohne ihn wegmüssen.

› Es gibt zu Hause keine Abschieds- oder Begrüßungszeremonien! Das Alleinbleiben soll etwas völlig Normales für den Hund sein.

Übermäßiges Bellen

Bellen gehört zur »Sprache« des Hundes. Bellt er ein paar Mal, etwa wenn es an der Tür klingelt, ist das völlig normal. Übermäßiges Bellen ist jedoch nervenaufreibend und führt nicht selten zu Problemen mit der Nachbarschaft.

Mögliche Ursachen

› Manchen Hunderassen, wie Wach- oder Hütehunden sowie manchen Jagdhunderassen, ist eine gewisse Bellfreudigkeit angezüchtet.

› Dem Hund ist langweilig.

› Er fordert Sie auf diese Weise zum Spielen, Spazierengehen usw. auf.

› Sie haben das Bellen unbewusst belohnt oder gefördert, wenn Sie z. B. beim Klingeln spannend sagen: »Ja, wer kommt denn da?«

Lösungsvorschläge

› Bleiben Sie betont ruhig und entspannt, wenn es an der Tür läutet. Wechseln Sie gegebenenfalls die Türglocke aus. Der neue Ton ist für den Hund neutral. Sie können ihm dann das richtige Verhalten gezielt mit der neuen Klingel beibringen.

› Trainieren Sie den Gehorsam: Legen Sie den Hund ein Stück entfernt von der Haustür ins Platz, sobald es läutet. Im Liegen bellen Hunde seltener.

› Wenn es klingelt, geben Sie ihm seinen Ball oder etwas, das er gern mag, ins Maul, dann bellt er nicht. Eventuell hilft auch eine Kaustange.

› Reagiert er auf jedes Geräusch außerhalb der Wohnung, verlegen Sie seinen Liegeplatz weiter weg vom Eingangsbereich.

Reagiert der Hund zu stürmisch, weil es endlich hinausgeht, setzen Sie sich einfach hin und lesen. Hat er sich nach ein paar Momenten beruhigt, kann es losgehen.

› Sind Sie souverän genug, kann auch ein strenges »Nein« ohne Hektik, verbunden mit einem Schnauzgriff, helfen, dass der Hund ruhig ist.
› Ignorieren Sie den Hund, wenn er bellend etwas von Ihnen fordert (Spielen, Futter, Öffnen einer Tür usw.), so lange, bis er einige Momente ruhig ist. Dann bekommt er das Spiel oder Sie bereiten sein Futter zu. Ignorieren Sie ihn auch, falls er Sie z.B. im Auto ungeduldig bellend zum Fahren auffordert.
› Erschrecken Sie den bellenden Hund beispielsweise durch einen scharfen Wasserstrahl mit einer Spritzpistole von hinten, etwa auf die Ohren. Der Hund darf aber auf keinen Fall bemerken, dass Sie der Auslöser des Schreckreizes sind.
› Falls Ihr Hund im Auto alles verbellt, was sich draußen bewegt, ist ein Sichtschutz, etwa eine Decke, die Sie über die Box hängen, angebracht.
› Lassen Sie ihn nicht längere Zeit allein im Garten. Ein Sichtschutz am Zaun oder eine zweite Begrenzung in gewissem Abstand zum Zaun kann ebenfalls helfen, »Bellreize« zu reduzieren.
› Bei manchen Hunden hilft es, sie gezielt zum Bellen zu animieren und das mit einem Hörzeichen zu verknüpfen. Dann können Sie ihm wiederum ein Hörzeichen beibringen, woraufhin er aufhören muss, beispielsweise »Schluss«.
› Sorgen Sie für Auslastung und Beschäftigung, dann hat der Hund weniger Energie für das Bellen.

Klauen

Ob Sonntagsbraten oder der Kuchen zum Kaffee – vor manchen Vierbeinern ist nichts sicher.

Mögliche Ursachen

› Sie füttern Ihren Hund beim Essen vom Tisch oder geben ihm etwas, wenn Sie beim Kochen sind.
› Er sitzt beim Essen neben Ihnen auf dem Stuhl. Dadurch hat er Ihr Essen als etwas sehr Verlockendes im Blick. Dies verleitet ihn, bei passender Gelegenheit etwas zu klauen.
› Er war früher ein Straßenhund und hat sich damals vorwiegend von menschlichen Nahrungsabfällen ernährt.
› Er ist besonders gefräßig bzw. hat nicht genügend Respekt vor Ihnen.

Gelegenheit macht Diebe! Vermeiden Sie es, Ihrem Hund solch verlockende »Einladungen« zu bieten. Dies ist der erste Schritt, um das Problem »Klauen« zu beheben.

Lösungsvorschläge

› Lassen Sie keine Lebensmittel in Reichweite des Hundes stehen. Achtung – dieser Bereich kann etwa bei einem guten Springer recht groß sein!

› Ignorieren Sie seine Bettelversuche oder legen Sie ihn während des Essens auf seinem Platz ab – dann aber bitte das Abholen nicht vergessen!

› Er darf nicht erhöht sitzen, während Sie essen.

› Schließen Sie die Türen zu Küche und Speisekammer, wenn der Hund allein zu Hause ist.

› Bei manchen Hunden hilft es, wenn man sie in flagranti erwischt und dann mit Getöse ins Zimmer stürzt, bevor der Happen im Maul verschwindet.

› Sehr wirksam ist die »Strafe aus heiterem Himmel«: Präparieren Sie auf der Küchenanrichte unauffällig einen Köder. Binden Sie dafür etwa eine mit Steinen gefüllte Dose oder einen Topfdeckel an ein größeres Stück altes Brot. Es muss größer sein, damit der Hund den Köder nicht rasch fressen kann. Der Hund darf Sie dabei nicht beobachten. Schnappt er sich den Happen, fällt der Rest laut klappernd zu Boden. Nehmen Sie den Köder sofort weg, damit der Hund nicht zum Erfolg kommt.

› Prüfen Sie die Rangordnung: Treten Sie Ihrem Hund gegenüber insgesamt souverän genug auf?

Zerstörungswut

Vergreift sich der Vierbeiner an Möbeln oder dem Kinderspielzeug, ist Ärger vorprogrammiert.

Mögliche Ursachen

› Er besitzt zu viel ungenutzte Energie.

› Der Welpe ist im Zahnwechsel.

› Der Hund hat Probleme mit dem Alleinbleiben.

Lösungsvorschläge

› Beschäftigen Sie sich gezielt mit dem Hund, damit er sowohl körperlich als auch mental ausgelastet ist. Dazu eignen sich je nach Vorliebe des Hundes Suchspiele, Apportieren, Fährtenarbeit. Auch ein kleiner Hindernisparcours ist zu Hause rasch aufgebaut. Mit Ihnen spielen, eine Runde am Fahrrad laufen oder ab und zu eine Toberunde mit Artgenossen bauen Energien ab.

› Ist Ihr Junghund im Zahnwechsel, braucht er regelmäßig etwas zum Kauen, etwa eine Kaustange.

› Vergreift er sich an Kinderspielzeug, dann hilft nichts anderes als Ordnung zu halten und die Kinderzimmertür(en) stets zu schließen.

› Ist immer das gleiche Möbel oder derselbe Teppich »Opfer« Ihres Vierbeiners, verhindern Sie z. B. mit einem Blumenkübel, dass der Hund es erreicht. Einen Teppich entfernen Sie für eine Zeit. Alternativ können Sie das »Objekt der Begierde« mit einem Bitterstoff (Zoofachhandel) präparieren.

› Hängt das Problem mit dem Alleinbleiben zusammen, lesen Sie bitte auf Seite 45 nach.

Vergreift sich der Vierbeiner an Schuhen oder anderem »Verbotenen«, kann das verschiedene Ursachen haben. Aufräumen ist hier allemal ratsam.

Unruhiges Verhalten

Will Ihr Hund ständig Action und kann sich nicht mal eine halbe Stunde ruhig hinlegen? Bekommt er täglich Rennanfälle im Haus?

Mögliche Ursachen

- Der Vierbeiner ist gewohnt, dass ständig etwas los ist, weil die Kinder oder Sie dauernd präsent und für ihn da sind.
- Er hat keine Möglichkeit, sich zurückzuziehen.
- Der Hund ist unterfordert.
- Er bekommt zu energiereiches Futter.

Lösungsvorschläge

- Achten Sie darauf, dass sich nicht ständig jemand mit dem Hund beschäftigt, sondern dass einfach auch mal nichts los ist. Auch Ihre Kinder sollten den Hund zu gewissen Zeiten in Ruhe lassen.
- Wenn das ohne Hilfsmittel nicht klappt, verwenden Sie dazu eine Hundebox (→ Seite 46). Ist viel los oder überdreht der Hund, kann er sich in der Box wieder beruhigen. Alternativ dazu können Sie auch eine Zimmerecke abteilen oder ihn mit der Leine anbinden und ignorieren, bis er Ruhe gibt (→ auch Seite 24). Im Restaurant oder wenn Sie zu Besuch sind, ist es günstig, seine Schlafdecke mitzunehmen. Die kennt er als Ruheplatz, dadurch fällt es ihm auch auswärts leichter, Ruhe zu geben.
- Auf Leistung und Ausdauer gezüchtete Rassen, etwa Hütehunde, brauchen eine geeignete Ausbildung, damit sie genügend gefordert sind.
- Geben Sie Futter für den normalaktiven Hund. Ein Familienhund, selbst wenn er Sie beim Joggen begleitet oder Hundesport betreibt, braucht kein Hochleistungsfutter.
- Sie bestimmen, wann und wie gespielt wird. Hat er täglich zur gleichen Zeit seinen Spiel- und Rennanfall, dann fordern Sie ihn schon eine halbe Stunde vorher zum Spiel auf und kommen ihm so zuvor.

Als Hütehund braucht der Australian Shepherd geistiges Training. Unterfordert können seine spezifischen Eigenschaften zum Problem werden.

Verbellen am Zaun vermeiden

Verbellt Ihr Hund wütend Passanten am Zaun, kann es leicht passieren, dass ein Mensch oder Hund erschrickt und dadurch reflexartig ausweicht, möglicherweise sogar auf die Straße.

SO GEWÖHNEN SIE ES IHM AB Dieses Problem können Sie zum Beispiel dadurch in den Griff bekommen, dass Sie den Zaun blickdicht gestalten. Auch ein zweiter Zaun ein Stück hinter dem Gartenzaun kann hilfreich sein, denn auf diese Weise gelangt der Hund nicht mehr bis zur Grundstücksgrenze. Außerdem sollten Sie dafür sorgen, dass sich Ihr Vierbeiner so wenig wie möglich allein im Garten aufhält und dass er ausreichend beschäftigt wird, damit er seine Energien nicht durch Verbellen, sondern anderweitig loswerden kann.

Probleme außer Haus

Gutes Benehmen und möglichst wenig Angst sind unterwegs gefragt. Das erspart Ihnen Ärger mit Mitmenschen und schützt den Vierbeiner vor gefährlichen Situationen.

Angst vor Geräuschen und Gegenständen

Reagiert der Hund auf akustische und/oder optische Reize unsicher, kann das einigen Stress für ihn bedeuten.

Mögliche Ursachen

- Der Hund ist entsprechend veranlagt, besonders wenn er insgesamt geräuschempfindlich oder im optischen Bereich unsicher ist oder wenn beides auf ihn zutrifft.
- Der Hund kann negative Erfahrungen gemacht haben, falls er nur auf bestimmte Geräusche oder optische Reize reagiert.
- Leichte Unsicherheiten haben Sie verstärkt, indem Sie den Hund »trösteten«.
- Ihr Hund wurde als Welpe ungenügend sozialisiert, zudem hat er kein robustes Nervenkostüm.

Lösungsvorschläge

- Gewöhnen Sie den Hund langsam und über Hunger an das Angstobjekt.
- Reagiert Ihr Hund auf flatternde Folien, Siloballen usw. verunsichert, ermuntern Sie ihn, mit Ihnen das Objekt zu erkunden. Lassen Sie ihn gegebenenfalls an der (lockeren!) Leine.
- Bleiben Sie selbst stets entspannt und locker.
- Zerren Sie den Vierbeiner nie an straffer Leine zu einem Objekt oder einer Geräuschquelle hin. Das würde noch mehr Angst auslösen. Hunde, die zur Panik neigen, sollten angeleint bleiben, damit sie nicht kopflos flüchten können. Bei solchen Hunden ist ein Geschirr ratsam.
- Wählen Sie während der Gewöhnung die Geräuschstärke anfangs so, dass der Hund höchstens

Dieser Hund fürchtete sich. Ein Spiel kann die Situation positiv gestalten. Je unsicherer der Hund jedoch ist, desto größer muss der Abstand zur Geräuschquelle sein.

leichtes Unbehagen zeigt – also den Staubsauger in einem anderen Raum auf niedriger Stufe laufen lassen bzw. den Abstand zur Geräuschquelle groß genug wählen. Üben Sie mit einem möglichst hungrigen Hund. Füttern Sie ihn nun mit etwas besonders Leckerem. So verknüpft er den Lärm positiv. Allmählich verringern Sie mit zunehmender Gelassenheit des Vierbeiners den Abstand zur Geräuschquelle bzw. erhöhen die Lautstärke.

› Wenn Sie den Hund nicht dazu bringen, an den Gegenstand heranzutreten, bleiben Sie zumindest so lang in der Nähe, bis er sich einigermaßen entspannt hat. Versuchen Sie in den nächsten Tagen, allmählich etwas näher heranzugehen.

› Manchmal können Geräusch-CDs, die es im Fachhandel gibt, helfen.

› In besonderen Fällen, etwa bei zu großer Angst an Silvester, fragen Sie am besten Ihren Tierarzt nach einem Beruhigungsmittel.

Streunen

Macht sich der Hund allein »auf die Socken«, kann er leicht Unfälle verursachen – auch wenn er nur zum Nachbarhund zum Spielen geht. Ihr Vierbeiner erlebt zudem, dass er auch ohne Sie Spaß haben kann, und wird zu selbstständig. Das wirkt sich negativ auf die Bindung an Sie aus.

Mögliche Ursachen

› Dem Hund ist es zu langweilig.

› Er nutzt die Gelegenheit zum Ausbüxen, weil der Zaun zu niedrig oder keiner vorhanden ist.

› Sein erster Ausflug war positiv verlaufen.

› Ihr Rüde sucht nach läufigen Hündinnen bzw. Ihre läufige Hündin nach einem Rüden.

Lösungsvorschläge

› Machen Sie Ihr Grundstück unbedingt ausbruchsicher. Kann es nicht völlig umzäunt werden, trennen Sie wenigstens einen kleineren Bereich ab, in dem sich der Hund aufhalten darf.

› Nutzt der Hund jede sich bietende Gelegenheit zum Ausbrechen, leinen Sie ihn an, bevor Sie die Haus- oder Gartentür öffnen.

› Lassen Sie den Hund nicht längere Zeit allein im Garten – vor allem dann nicht, wenn niemand zu Hause ist. Dann gehört der Hund ins Haus.

› Bemühen Sie sich um eine bessere Bindung. Finden Sie heraus, was Ihr Hund gern macht! Beschäftigen Sie ihn sowohl unterwegs als auch zu Hause.

› Hat Ihr Rüde Liebeskummer oder ist Ihre Hündin läufig, behalten Sie den Hund im Haus.

Jagen

In jedem Hund steckt ein »Jäger«. Allerdings ist nicht bei jedem der Jagdinstinkt gleich ausgeprägt. Jagen, egal ob Wild oder Jogger, ist selbstbelohnend – das Hetzen allein macht schon Spaß.

Mögliche Ursachen

› Der Hund gehorcht nicht.

› Das Jagen ist angeboren.

› Der Vierbeiner ist zu wenig beschäftigt.

› Der Hund hat immer wieder Gelegenheit dazu.

Autos jagen

JAGEN ABGEWÖHNEN Wollen Sie Ihrem Hund abgewöhnen, Autos zu jagen, kann direkt von der »Beute« eine negative Einwirkung ausgehen. Dazu können Sie wie folgt vorgehen:
Im Laderaum eines langsam fahrenden Pkws (Heckklappe ist offen) sitzt eine Person mit einem Eimer Wasser, den sie über den Hund schüttet, sobald dieser nah genug am Auto ist.

BUDDELN Manche Vierbeiner sind notorische Buddler, die durch nichts zu beeinflussen sind. Einem solchen Hund bieten Sie am besten einen eigenen Sandkasten im Garten an. Dort können Sie ihm Leckerbissen oder Spielzeug vergraben, das er ausbuddeln kann. Gräbt er woanders, bringen Sie ihn mit einem »Nein« oder »Pfui« entschlossen wieder in seinen Bereich. Pflanzen und Beete, die Ihnen besonders wertvoll sind, zäunen Sie besser trotz »Hundesandkasten« ein.

AUSTAUSCH Hat der Hund etwas Ungenießbares vom Boden aufgenommen, ist es für eine Korrektur zu spät. Gehen Sie drohend auf ihn zu, wird er sich vermutlich rasch verkrümeln und das Ding fressen. Locken Sie ihn zu sich oder tun Sie so, als ob Sie auf dem Boden gerade etwas Superinteressantes gefunden hätten. Vielleicht lässt er den Unrat von selbst fallen oder Sie nehmen ihn ihm im Austausch gegen einen Happen ab.

OHNE AUFSICHT Ist es zu Hause zu langweilig, suchen sich manche Hunde auf eigene Faust Abwechslung, z. B. indem sie auf Tour gehen. Lassen Sie den Vierbeiner nicht zu lang allein im Garten.

Lösungsvorschläge

› Lassen Sie nicht zu, dass er jagt, auch keine Vögel, wie z. B. Krähen auf der Wiese.

› Festigen Sie den Gehorsam, besonders das »Kommen auf Ruf«. Verwenden Sie dafür am besten eine Hundepfeife, denn sie ist weiter zu hören.

› Bringen Sie dem Hund bei, sich auf Entfernung zu setzen oder zu legen. Mancher Hund lässt sich leichter stoppen als zum Umkehren bewegen.

› Trainieren Sie, wenn nötig, Basics – wie »Kommen auf Ruf« – an der langen Leine (→ Seite 35).

› Lenken Sie seine Aufmerksamkeit um. Ist »Beute«, also alles, was sich schnell bewegt, in Sicht, rufen Sie den Hund sofort zu sich. Lassen Sie ihn bei sich sitzen, und konzentrieren Sie seine Aufmerksamkeit über Leckerchen oder Spielzeug auf sich, bis das Jagdobjekt in sicherer Entfernung ist.

› Sitzt der Grundgehorsam unter »normaler« Ablenkung, nutzen Sie gezielt Situationen, die Ihren Hund zum Jagen verleiten. Machen Sie Übungen wie »Fuß«, »Sitz«, »Platz« oder »Hier« z. B. an einer beliebten Joggingstrecke, in der Nähe frei laufender Hühner oder neben einer Schafskoppel. Der Hund ist aber stets angeleint. Wichtig ist dabei, dass Ihr Hund sich auf Sie konzentriert. Beginnen Sie deshalb mit dem Üben in einer Entfernung von der

Der Abstand zu »Beutetieren« muss beim Üben so groß sein, dass sich der Hund problemlos auf Sie konzentriert und nicht auf die Tiere. Lassen Sie ihn angeleint, und machen Sie verschiedene Übungen.

Ablenkung, in der Ihr Hund noch möglichst entspannt ist. Arbeiten Sie sich mit der Zeit immer näher heran. Letztlich soll er entspannt bei Ihner bleiben, ohne sich noch von seiner ursprünglichen »Beute« ablenken zu lassen.

› Bei manchen Hunden hilft die Verwendung von Discs (→ Seite 25 und Tabelle Seite 43).

› Beschäftigen Sie sich unterwegs mit Ihrem Hund. Ist es bei Ihnen interessant genug, muss er sich nicht selbst eine Beschäftigung suchen.

› Solange sich Ihr Hund nicht zuverlässig abrufen oder stoppen lässt, sollten Sie ihn in entsprechenden Gebieten stets an der Leine führen.

› Der Tipp Seite 52 gilt auch für Jogger etc.

Unrat fressen

Frisst der Vierbeiner unterwegs alles Mögliche, ist das unappetitlich und kann außerdem auch sehr gefährlich für den Hund werden.

Mögliche Ursachen

› Vor allem Welpen sind oft sehr neugierig.

› Manche Hunde(rassen), wie z. B. der Labrador, sind besonders gefräßig veranlagt.

› Im Futter fehlen bestimmte Nährstoffe.

Lösungsvorschläge

› Übung »Nein«: Legen Sie vor dem Spaziergang einige »Köder« aus, und markieren Sie sie unauffällig. Gehen Sie anschließend mit dem Hund an der langen Leine diese Strecke. Sobald er sich einem der Köder nähert, korrigieren Sie ihn mit einem kurzen Ruck und einem strengen »Nein« (oder »Pfui«). Schaut er auf Sie, locken Sie ihn sofort zu sich und geben ihm eine Belohnung.

› Jede Einwirkung muss kommen, bevor der Hund den Unrat im Maul hat.

› Bieten Sie ihm im Austausch ein leckeres Häppchen an, wenn er bereits etwas aufgenommen hat.

› Beschäftigen Sie Ihren Hund unterwegs.

› In extremen Fällen hilft ein Maulkorb. Damit verhindert man, dass der Hund Gefährliches aufnehmen kann. Trägt er ihn lange genug, besteht die Chance, dass er sein Verhalten verlernt.

› Werfen Sie eine scheppernde Wurfkette (Fachhandel) oder eine mit Steinen gefüllte Dose neben

So sollte es nicht sein: Dieser Hund wird gelobt, weil er sitzt. Da er gleichzeitig die »Beute« Auto fixiert, lobt man das automatisch mit!

den Hund, wenn er etwas aufnehmen möchte (aber nicht bei schreckhaften Hunden!). Loben Sie ihn.

› Setzen Sie Discs ein (→ Tabelle Seite 43).

Problemen vorbeugen

Möchten Sie sich erst noch einen Hund zulegen, steht an erster Stelle natürlich die Überlegung, ob er überhaupt in Ihr Leben passt. Haben Sie das positiv entschieden, stellt sich die Frage, ob Rassehund oder Mischling und woher man ihn bekommt. Die sorgfältige Planung ist ein wichtiger Schritt zu einem harmonischen Leben mit dem Vierbeiner.

Der Hund aus zweiter Hand

Die meisten Menschen legen sich einen Welpen zu. Doch manche entscheiden sich auch für einen älteren Hund und holen ihn z. B. aus dem Tierheim. Dies ist eine gute Entscheidung, weil sie damit diese Einrichtungen unterstützen.

Ein erwachsener Hund hat jedoch schon vieles erlebt und unterschiedlichste Erfahrungen gemacht. Das prägte ihn. Deshalb ist es wichtig, möglichst viel über die Vorgeschichte eines Hundes aus zweiter Hand zu erfahren. Nur so können Sie abschätzen, ob er zu Ihnen passt und inwieweit er Eigenheiten mitbringt, auf die Sie Ihr Leben einstellen müssen. Erkundigen Sie sich, ob es möglich ist, den Hund eine Zeit lang auf Probe zu nehmen. So können Sie ausprobieren, ob er im Großen und Ganzen zu Ihnen passt. Manche Eigenschaften zeigt der Hund aber erst, wenn er vollständig eingewöhnt ist.

Und auch für den Vierbeiner ist es wichtig, dass er in ein passendes Umfeld kommt. So kann es beispielsweise ein älterer Hund, der jahrelang allein mit seinem Frauchen gelebt hat, als mittlere Katastrophe empfinden, in eine turbulente Familie mit Kindern »verpflanzt« zu werden.

Hunde aus dem Tierheim haben nicht selten eine in unseren Augen schlimme Vergangenheit, wenn sie z. B. verwildert gelebt haben oder nie die positiven Erfahrungen in einem intakten Mensch-Hund-Team erleben durften. Für einen solchen Hund war das bisher ganz normal. Vielleicht fällt manchem dadurch die Umstellung in ein normales, »geordnetes« Leben eher schwer. Aber es lohnt sich ganz bestimmt. Sind Sie also nicht enttäuscht, wenn sich

Die Eigenschaften eines Mischlings lassen sich nur dann in etwa vorhersagen, wenn man beide Eltern kennt und diese reinrassig sind.

Der Welpe lernt, den Ersthund zu respektieren: Er fordert den Mops zum Spielen auf, dieser mag nicht und behandelt den Welpen daher wie Luft.

Beschäftigen Sie sich viel mit dem Welpen allein. Denn es ist wichtig, dass dieser sich in erster Linie an Sie bindet, nicht an den Ersthund.

Ihr Hund nicht sofort nahtlos in Ihr Leben einfügt. Und bitte erwarten Sie keine Dankbarkeit. Damit würden Sie ihn vermenschlichen.
Leben kleinere Kinder in der Familie, ist ein erwachsener Hund mit unbekannter oder ungünstiger Vorgeschichte eher nicht geeignet.

Ein Baby kommt ins Haus

Kündigt sich zweibeiniger Familienzuwachs an, sollten Sie Ihren Vierbeiner schon vor der Geburt auf die Veränderungen vorbereiten. Falls Ihr Hund bisher sehr im Mittelpunkt stand, gewöhnen Sie ihn jetzt daran, dass Sie sich nicht nur mit ihm, sondern auch mit anderen Dingen beschäftigen. Überdenken Sie die Rangordnung, und ändern Sie etwas, falls sie nicht stimmt.
Gibt es im Zusammenhang mit dem Baby neue Regeln für den Hund, dann führen Sie diese schon jetzt ein, damit keine Eifersucht entsteht. Soll etwa das Kinderzimmer für ihn tabu sein oder auch das Sofa, dann gilt das ab sofort. Oder muss das Hundebett an eine andere Stelle verlegt werden, dann machen Sie das, solange das Baby noch nicht auf der Welt ist. So verknüpft der Hund Veränderungen nicht negativ mit dem Neuzugang. Aber auch Sie ersparen sich dadurch Arbeit und Stress in einer Zeit, die sowieso viel Neues bringt.
Wenn das Baby da ist, gestalten Sie Tätigkeiten mit ihm als etwas Positives für den Hund. Während Sie es beispielsweise auf dem Sofa füttern, bekommt der Hund eine Kaustange. Der Kinderwagen bedeutet für den Vierbeiner nun Spaziergang.
Auch der Gehorsam sollte sitzen. Wenn Sie sich mit dem Kind z. B. auf dem Boden beschäftigen, dann ist es sehr gut, wenn der Hund daneben abgelegt werden kann. So kann er dabei sein und das Baby auch beschnuppern, ohne es zu gefährden, indem er beispielsweise herumspringt. Zwischendurch sollten Sie aber auch Zeit einplanen, um sich gezielt Ihrem Vierbeiner zu widmen. Denn wenn auch er auf seine Kosten kommt, fällt es ihm leichter, sich in den »neuen« Alltag einzugliedern.

Hunde sind keine Babysitter, lassen Sie daher Kind und Hund nie unbeaufsichtigt.

Ein Hund für die Kinder?

In vielen Familien äußern die Kinder früher oder später den Wunsch nach einem Tier, nicht selten soll es ein Hund sein. Hunde sind für Kinder eine echte Bereicherung – aber nur, wenn man sich darüber im Klaren ist, dass die Hauptarbeit und die Verantwortung bei den Eltern liegen. Ein Hund läuft auch nicht so einfach mit wie ein kleines Heimtier, etwa ein Meerschweinchen. Wollen Sie jedoch ebenfalls einen Hund, sind Sie bereit, die Erziehung zu übernehmen und den Kindern den richtigen Umgang mit dem Hund zu vermitteln, dann steht dem Einzug eines Vierbeiners nichts im Weg.

Beachten Sie dann Folgendes

› Erklären Sie den Kindern, dass der Hund kein Spielzeug ist.

› Ein Kind ist für den Hund meist keine Autorität. Erst wenn das Kind etwa 14 Jahre alt ist und ein entsprechendes Auftreten hat, erkennt es der Hund als Respektsperson an. Deshalb kann es z. B. durchaus gefährlich sein, Kinder mit dem Hund spazieren gehen zu lassen. Sie können ihn nicht halten, und er gehorcht nicht zuverlässig, wenn er z. B. eine Katze oder einen anderen Hund gesehen hat, womöglich noch auf der anderen Straßenseite.

› Es gibt die von Natur aus kinderfreundliche Rasse nicht. Dies ist vielmehr eine Sache der individuellen Veranlagung, der Sozialisierung sowie der Erfahrungen. Wichtig ist, dass ein »Kinderhund« ein gelassenes Wesen und eine hohe Reizschwelle mitbringt. Außerdem sollte er Trubel aushalten können. Aber selbst wenn das alles gegeben ist – auch der kinderfreundlichste Hund hat Toleranzgrenzen.

Mit dem richtigen Verständnis für ihn ist ein Hund eine Bereicherung für die Familie.

Ein zweiter Hund zieht ein

Häufig bleibt es nicht bei einem Hund, ein zweiter Vierbeiner soll einziehen. Doch das will gut überlegt sein. Der zweite Hund muss genauso eine Bindung an Sie haben und erzogen werden wie der erste. Das heißt erst einmal doppelte Arbeit, weil man mit dem zweiten Hund, besonders wenn er als Welpe ins Haus kommt, viel allein machen sollte,

der andere aber trotzdem weiterhin seine Zuwendung und Beschäftigung braucht. Tun Sie das nicht, wird sich der Welpe stark am Ersthund orientieren. Wenn das neue Hundekind einzieht, sollte Ihr Ersthund aus dem Gröbsten heraus sein. Er sollte also gut erzogen sein, denn der Neue wird sich manches abschauen – und nicht nur das Gute. Bei zwei oder mehr Hunden ist guter Gehorsam besonders wichtig, da sie bei der Begegnung mit fremden Artgenossen oder zum Beispiel bei »Jagdobjekten« als kleines Rudel auftreten und oft anders reagieren als ein Einzelhund. Wählen Sie am besten einen unterordnungsbereiten Welpen als Zweithund aus. Der wird den Ersthund dann weitgehend problemlos als »Chef« akzeptieren.
Welche Geschlechterkombination man wählt, ist Geschmackssache, hängt aber auch vom Wesen des Ersthundes ab. Halten Sie Rüde und Hündin wird es während der Läufigkeit ziemlich stressig, falls Sie nicht einen der beiden kastrieren lassen.
Viele Hunde sind zunächst von einem Neuzugang nicht begeistert. So erlebt der Knirps häufig zuerst einmal, was alles tabu ist – etwa Spielzeug, Hundebett, Napf. Aber meist hat sich der Kleine nach wenigen Tagen erfolgreich »eingeschleimt«!
Nicht empfehlenswert ist es, gleichzeitig zwei Welpen aufzunehmen. Das bedeutet viel Arbeit, damit sich beide an Ihnen orientieren. Außerdem kann es bei gleich alten Welpen später zu Rangordnungsproblemen kommen – eventuell mit der Folge, dass Sie einen wieder abgeben müssen.
Möchten Sie einen bereits erwachsenen Hund zu Ihrem dazunehmen, dann testen Sie am besten erst, ob die beiden miteinander zurechtkommen. Nehmen Sie den Neuen nicht gleich mit nach Hause, sondern lassen Sie die beiden auf neutralem Gebiet Kontakt aufnehmen.

Kind und **Hund**

TIPPS VON DER HUNDE-EXPERTIN
Katharina Schlegl-Kofler

Beachtet man Folgendes, können Hund und Kind die besten Freunde werden.

NIE ALLEIN LASSEN Lassen Sie kleinere Kinder nie mit dem Hund allein. Auch sollten Sie Ihre oder fremde Kinder unter 14 Jahren nicht allein mit dem Hund spazieren gehen lassen.

AUSZEIT FÜR DEN HUND Der Hund braucht eine Rückzugsmöglichkeit, wo er ungestört ist – etwa eine Hundebox oder einen abgetrennten Bereich eines Zimmers. Trennen Sie zudem Hund und Kind, wenn Sie das Gefühl haben, dass es dem Hund zu viel wird.

RICHTIGER UMGANG Je nach Alter kann Ihr Kind unter Ihrer Anleitung den Hund zum Beispiel sitzen lassen und ihn dann belohnen. Achten Sie auch darauf, dass weder Ihre noch fremde Kinder den Hund ärgern. Ihr Kind sollte auf ruhige Art mit dem Hund spielen. Es kann ihm z. B. einen Ball zurollen oder ihn Leckerchen suchen lassen. Wilde Tobereien, vor dem Hund weglaufen oder Zerrspiele können zur Folge haben, dass beide zu übermütig werden.

Die **halbfett** gesetzten Seitenzahlen verweisen auf Abbildungen, U = Umschlag, UK = Umschlagklappe.

Adressen

Anschriften von Hundeclubs und Hundesportvereinen können Sie bei den genannten Verbänden erfragen.

› Fédération Cynologique Internationale (FCI), Place Albert 1er, 13, B-6530 Thuin, www.fci.be
› Verband für das Deutsche Hundewesen e.V. (VDH), Postfach 104154, D-44041 Dortmund, www.vdh.de
› Österreichischer Kynologenverband (ÖKV), Siegfried Marcus-Straße 7, A-2362 Biedermannsdorf, www.oekv.at
› Schweizerische Kynologische Gesellschaft (SKG/SCS), Postfach 8276, CH-3001 Bern, www.hundeweb.org
› Interessengemeinschaft Deutscher Hundehalter e.V., Auguststraße 5, D-22085 Hamburg
› Deutscher Tierschutzbund e.V., Baumschulallee 15, D-53115 Bonn, www.tierschutzbund.de

Wichtiger **Hinweis**

› **Die Haltungsregeln dieses Ratgebers beziehen sich auf normal entwickelte Jungtiere aus guter Zucht, also auf gesunde, charakterlich einwandfreie Tiere.**

› **Wer einen erwachsenen Hund zu sich nimmt, muss sich bewusst sein, dass dieser bereits wesentliche Prägungen durch den Menschen erfahren hat. Er sollte den Hund genau beobachten, auch in seinem Verhalten zum Menschen.**

› **Ist der Hund aus einem Tierheim, so kann dieses über die Herkunft des Hundes und seine Eigenheiten Auskunft geben.**

Hunde im Internet

Infos zu Rassen, Züchtern, Vereinen, Aufzucht und Erziehung
› www.hunde.com
Infos zu Sport, Erziehung und Ausbildung, Züchteradressen
› www.hundeadressen.de
Web-Seite von »Tiere helfen Menschen e.V.«
› www.thmev.de
Web-Seite von »Hunde helfen Menschen e.V.«
› www.hunde-helfen-kids.de
online-Hundezeitung mit Infos über Hundekunde, Ausbildung oder Hundemedizin
› www.hundezeitung.de

Fragen zur Haltung beantworten

Ihr Zoofachhändler und der Zentralverband Zoologischer Fachbetriebe Deutschlands e.V.
Tel.: 0611/44755332 (nur telefonische Auskunft möglich: Mo 12–16 Uhr, Do 8–12 Uhr), www.zzf.de

Haftpflichtversicherung

Fast alle Versicherungen bieten auch Haftpflichtversicherungen für Hunde an.

Registrierung von Hunden

› TASSO e.V., Abt. Haustierzentralregister, D-65784 Hattersheim am Main, Tel.: 06190/937300, www.tasso.net,
E-Mail: info@tasso.net
› Internationale Zentrale Tierregistrierung (IFTA), Weiherstraße 8, D-88145 Maria Thann, Tel.: 0800/43820000 (kostenlos), www.tierregistrierung.de

Bücher

› Hegewald-Kawich, H.: 300 Fragen zur Hundeerziehung. Gräfe und Unzer Verlag, München
› Schlegl-Kofler, K.: Praxishandbuch Hunde-Erziehung. Gräfe und Unzer Verlag, München
› Schlegl-Kofler, K.: Mein Heimtier: Hund. Gräfe und Unzer Verlag, München
› Schlegl-Kofler, K.: Hundesprache. Gräfe und Unzer Verlag, München
› Schlegl-Kofler, K.: Hunde Erziehungs-Box. Gräfe und Unzer Verlag, München

Zeitschriften

› Der Hund. Deutscher Bauernverlag, Berlin, www.derhund.de
› Unser Rassehund. Verband für das Deutsche Hundewesen e.V., Dortmund (→ Adressen), www.unser-rassehund.de
› Partner Hund. Gong Verlag, Ismaning, www.partner-hund.de

Unsere Garantie

Alle Informationen in diesem Ratgeber sind sorgfältig und gewissenhaft geprüft. Sollte dennoch einmal ein Fehler enthalten sein, schicken Sie uns das Buch mit dem entsprechenden Hinweis an unseren Leserservice zurück. Wir tauschen Ihnen den GU-Ratgeber gegen einen anderen zum gleichen oder ähnlichen Thema um.

Liebe Leserin und lieber Leser,

wir freuen uns, dass Sie sich für ein GU-Buch entschieden haben. Mit Ihrem Kauf setzen Sie auf die Qualität, Kompetenz und Aktualität unserer Ratgeber. Dafür sagen wir Danke! Wir wollen als führender Ratgeberverlag noch besser werden. Daher ist uns Ihre Meinung wichtig. Bitte senden Sie uns Ihre Anregungen, Ihre Kritik oder Ihr Lob zu unseren Büchern. Haben Sie Fragen oder benötigen Sie weiteren Rat zum Thema? Wir freuen uns auf Ihre Nachricht!

Wir sind für Sie da!
Montag – Donnerstag: 8.00 – 18.00 Uhr;
Freitag: 8.00 – 16.00 Uhr
Tel.: 0180 - 5 00 50 54*
Fax: 0180 - 5 01 20 54*
*(0,14 €/Min. aus dem dt. Festnetz/ Mobilfunkpreise können abweichen.)
E-Mail:
leserservice@graefe-und-unzer.de

P.S.: Wollen Sie noch mehr Aktuelles von GU wissen, dann abonnieren Sie doch unseren kostenlosen GU-Online-Newsletter und/oder unsere kostenlosen Kundenmagazine.

GRÄFE UND UNZER VERLAG
Leserservice
Postfach 86 03 13
81630 München

Programmleitung: Christof Klocker
Leitende Redaktion: Anita Zellner
Redaktion: Jutta Weikmann
Lektorat: Angelika Lang
Bildredaktion: Daniela Laußer
Umschlaggestaltung und Layout: independent Medien-Design, München
Herstellung: Claudia Labahn
Satz: Uhl + Massopust, Aalen
Reproduktion: Longo AG, Bozen
Druck: Firmengruppe APPL, aprinta druck, Wemding
Bindung: Firmengruppe APPL, sellier druck, Freising

Printed in Germany

ISBN 978-3-8338-1197-5

1. Auflage 2008

GRÄFE UND UNZER

Ein Unternehmen der
GANSKE VERLAGSGRUPPE

Die Autorin

Katharina Schlegl-Kofler – erfahrene Hundetrainerin und anerkannte Expertin in Sachen artgerechter Hundehaltung – beschäftigt sich schon lange intensiv mit den Vierbeinern und ihrem Verhalten. In ihrer Hundeschule, die sie seit vielen Jahren hat, finden Hundehalter tatkräftige Hilfe. Ihre eigenen Hunde führte sie erfolgreich auf Apportier-Prüfungen.

Der Fotograf

Oliver Giel hat sich auf Natur- und Tierfotografie spezialisiert und betreut mit seiner Lebensgefährtin Eva Scherer Bildproduktionen für Bücher, Zeitschriften, Kalender und Werbung. Mehr über sein Fotostudio: www.tierfotograf.com.

Alle Fotos in diesem Buch stammen von Oliver Giel mit Ausnahme von: Waldhäusl: Vordere Klappe, rechts Mitte; Christine Steimer: Seite 36, Seite 40, Seite 41.